# 大学计算机

主　编　王晓燕　张桂霞　张华忠

副主编　宫琳琳　赵　艳　林教刚

参　编　董香丽　江翠元　刘　莉

　　　　赵舒婷　周保会

北京理工大学出版社
BEIJING INSTITUTE OF TECHNOLOGY PRESS

## 内 容 简 介

加强计算机教育，对于提高国民素质，适应信息化社会的发展要求，培养具有计算思维的时代新人具有重要意义。伴随着物联网、云计算、大数据等新技术的飞速发展，计算机已经成为我们日常学习、生活、工作中的必备工具。

本书按照应用型人才培养定位，从计算机应用的实际出发，力求注重基础、突出实用、优化内容，全面地介绍了计算机基础知识、操作系统、常用办公软件的应用、数字媒体技术、计算机网络及新一代信息技术等知识，具有概念清晰、系统全面、精讲多练、实用性强等特点。

本书可作为应用型本科院校相关专业的公共课教材，也可供相关培训班以及企业管理人员使用。

**图书在版编目（ＣＩＰ）数据**

大学计算机 / 王晓燕，张桂霞，张华忠主编．——北京：北京理工大学出版社，2021.8
ISBN 978-7-5763-0176-2

Ⅰ．①大… Ⅱ．①王… ②张… ③张… Ⅲ．①电子计算机-高等学校-教材 Ⅳ．①TP3

中国版本图书馆 CIP 数据核字（2021）第 165135 号

出版发行 / 北京理工大学出版社有限责任公司
社　　址 / 北京市海淀区中关村南大街 5 号
邮　　编 / 100081
电　　话 / （010）68914775（总编室）
　　　　　（010）82562903（教材售后服务热线）
　　　　　（010）68944723（其他图书服务热线）
网　　址 / http://www.bitpress.com.cn
经　　销 / 全国各地新华书店
印　　刷 / 唐山富达印务有限公司
开　　本 / 787 毫米×1092 毫米　1/16
印　　张 / 11
字　　数 / 253 千字
版　　次 / 2021 年 8 月第 1 版　2021 年 8 月第 1 次印刷
定　　价 / 36.00 元

责任编辑 / 陈莉华
文案编辑 / 陈莉华
责任校对 / 刘亚男
责任印制 / 李志强

前言
*Preface*

　　随着计算机技术的发展和普及，计算机已成为各行各业发展不可或缺的工具，掌握计算机的操作和应用已成为人们必须掌握的基本技能。计算机技术已经成为当前最大众化、最便捷的生产生活工具之一。从飞船飞上太空到铺天盖地的宣传海报，无一不涉及计算机技术。

　　"大学计算机"是高等学校非计算机专业本科学生必修的一门公共基础课程，其目标是拓宽学生知识面，提高学生应用能力，培养学生创新能力，从而实现培养学生在各专业领域中应用计算机解决问题的基本能力的目的。本书综合分析了理、工、文、经、管、医多种专业对计算机的教学要求，并结合多年的教学实践，本着知识够用、精讲多练和项目式学习的理念与思路，将全书划分为计算机基础、操作系统、字处理、电子表格、演示文稿、数字媒体技术、计算机网络、新一代信息技术等八章内容。通过计算机基础知识了解计算机的起源与发展，通过 Windows 10 操作平台，重点学习办公软件的应用，培养学生应用计算机解决学习和工作中实际问题的能力；通过计算机网络及应用的学习，培养学生的信息素养；新一代信息技术的介绍，可以开阔学生的视野，开创学生的职业生涯。

　　本书在讲述计算机基础理论知识的基础上，结合实战案例，强调强化学生实践能力，为培养高素质创新型人才奠定基础。我们精心设计了理论知识结构，案例应用，思考环节，通过理论知识的学习和案例应用的练习，使学生快速掌握计算机基础操作并在掌握基础知识和基本操作的基础上，通过课后思考拓展实际应用能力。同时，本书配套有相关的视频教程、工程文件等学习资源，方便教师和学生更高效、直观地进行学习。

　　本书由王晓燕、张桂霞、张华忠担任主编，宫琳琳、赵艳、林教刚担任副主编，董香丽、江翠元、刘莉、赵舒婷、周保会参与编写。由于编者水平有限，加之时间仓促，书中难免存在不足之处，恳请广大读者给予批评指正。

编　者

第1章 计算机与信息社会 ·········································· 1

1.1 计算机基础 ················································ 1
1.1.1 计算机起源与发展 ······························· 1
1.1.2 计算思维基础 ···································· 5
1.2 信息与信息社会 ·········································· 6
1.2.1 现代信息技术基础 ······························· 6
1.2.2 信息获取与处理 ································· 7
1.2.3 计算机中数据表示 ······························· 7
1.2.4 信息社会 ········································ 10

第2章 计算机系统 ················································ 12

2.1 计算机系统 ·············································· 12
2.1.1 计算机硬件系统 ································· 12
2.1.2 计算机软件系统 ································· 14
2.1.3 案例应用：计算机配置与选购 ··················· 15
2.2 操作系统 ················································ 18
2.2.1 操作系统的基本概念 ····························· 18
2.2.2 操作系统的功能 ································· 19
2.2.3 操作系统的发展与分类 ··························· 19
2.2.4 Windows 10 基本操作 ···························· 21
2.2.5 案例应用：个性化设置 ··························· 27

第3章 文字处理软件 ·············································· 30

3.1 文档的基本操作 ·········································· 30
3.1.1 文档的相关操作 ································· 30
3.1.2 文档的加密 ······································ 32
3.1.3 文本的输入与编辑 ······························· 33

  3.1.4 案例应用：制作会议通知 ···································· 35

 3.2 文档的格式与美化 ······························································ 36

  3.2.1 字符格式设置 ················································· 36

  3.2.2 段落格式设置 ················································· 36

  3.2.3 对象设置 ······················································ 37

  3.2.4 表格设置 ······················································ 44

  3.2.5 案例应用：制作宣传海报 ································· 52

 3.3 文档的排版与打印 ······························································ 53

  3.3.1 文档排版 ······················································ 53

  3.3.2 文档打印 ······················································ 59

  3.3.3 邮件合并 ······················································ 60

  3.3.4 案例应用：制作学业规划计划书 ···················· 61

第4章 电子表格软件 ·································································· 63

 4.1 电子表格基本操作 ······························································ 63

  4.1.1 工作簿操作 ··················································· 63

  4.1.2 工作表操作 ··················································· 66

  4.1.3 数据编辑操作 ················································· 68

  4.1.4 格式设置操作 ················································· 73

  4.1.5 案例应用：学生信息表 ··································· 77

 4.2 公式与函数 ········································································ 78

  4.2.1 公式与函数概述 ············································· 78

  4.2.2 常用函数介绍 ················································· 81

  4.2.3 案例应用：学生成绩表 ··································· 82

 4.3 数据管理 ··········································································· 84

  4.3.1 外部数据导入 ················································· 84

  4.3.2 数据排序、筛选 ············································· 87

  4.3.3 分类汇总 ······················································ 89

  4.3.4 案例应用：学生档案表 ··································· 90

 4.4 图表与页面设置 ································································· 91

  4.4.1 图表及其格式化 ············································· 91

  4.4.2 数据透视表 ··················································· 94

  4.4.3 页面设置与打印 ············································· 96

  4.4.4 案例应用：销售统计表 ··································· 97

第5章 演示文稿软件 ·································································· 101

 5.1 PowerPoint 基础 ································································ 101

  5.1.1 PowerPoint 窗口组成 ······································ 101

    5.1.2　演示文稿视图模式 ·············································· 101

    5.1.3　演示文稿基本操作 ·············································· 103

  5.2　演示文稿编辑 ····························································· 104

    5.2.1　创建和组织幻灯片 ·············································· 104

    5.2.2　幻灯片内容编辑 ················································ 105

    5.2.3　幻灯片外观设计 ················································ 108

    5.2.4　演示文稿交互效果设置 ········································ 111

    5.2.5　案例应用：制作校园宣传演示文稿 ························· 114

  5.3　演示文稿放映与输出 ··················································· 116

    5.3.1　演示文稿放映 ·················································· 116

    5.3.2　演示文稿输出 ·················································· 119

第 6 章　数字媒体技术 ··························································· 122

  6.1　图像处理 ································································· 122

    6.1.1　图像处理基础知识 ·············································· 122

    6.1.2　图像美化 ······················································· 125

    6.1.3　案例应用：证件照底色替换 ··································· 129

  6.2　短视频剪辑 ······························································ 132

    6.2.1　短视频基础知识 ················································ 132

    6.2.2　短视频编辑 ····················································· 133

    6.2.3　案例应用：风景短视频制作 ··································· 134

第 7 章　计算机网络基础 ························································· 138

  7.1　计算机网络概述 ························································· 138

    7.1.1　计算机网络的功能 ·············································· 138

    7.1.2　计算机网络的组成与分类 ······································ 139

    7.1.3　计算机网络的体系结构 ········································ 141

  7.2　Internet 基础 ····························································· 142

    7.2.1　Internet 概念与特点 ············································· 142

    7.2.2　IP 地址与域名 ·················································· 143

    7.2.3　Internet 应用 ···················································· 144

  7.3　局域网 ···································································· 147

    7.3.1　网络传输介质 ··················································· 148

    7.3.2　案例应用：家庭常用无线路由器的设置 ··················· 149

第 8 章　新一代信息技术 ························································· 153

  8.1　初识新一代信息技术 ··················································· 153

    8.1.1　物联网 ·························································· 153

8.1.2　云计算 …………………………………………………………… 155

8.1.3　大数据 …………………………………………………………… 156

8.1.4　人工智能 ………………………………………………………… 157

8.1.5　区块链 …………………………………………………………… 158

8.2　新技术之间的联系 ………………………………………………………… 160

8.2.1　大数据拥抱云计算 ……………………………………………… 160

8.2.2　物联网技术完成数据采集 ……………………………………… 160

8.2.3　大数据和云计算互相需要 ……………………………………… 160

8.2.4　人工智能拥抱大数据云 ………………………………………… 160

8.2.5　案例应用：陆空结合的智能化病虫害监测方案 …………… 161

8.3　区块链与新一代信息技术 ………………………………………………… 162

8.3.1　区块链与云计算 ………………………………………………… 162

8.3.2　区块链与大数据 ………………………………………………… 162

8.3.3　区块链与物联网 ………………………………………………… 162

8.3.4　区块链与人工智能 ……………………………………………… 162

参考文献 ……………………………………………………………………… 164

# 第1章　计算机与信息社会

- 了解计算机的起源、发展、分类与应用，了解计算思维及其特征、本质、方法；
- 熟悉现代信息技术的内容、特点及应用；熟悉信息的获取与处理；
- 掌握计算机中的数据表示及数制之间的转换。

计算机（Computer）也称为"电脑"，是现代一种用于高速计算的电子计算机器，既可以进行数值计算，又可以进行逻辑计算，还具有存储记忆功能，是能够按照程序运行，自动、高速处理海量数据的现代化智能电子设备。

## 1.1　计算机基础

计算机是一种具有计算功能、记忆功能和逻辑判断功能的机器设备，它是 20 世纪人类最重大的科学技术发明之一。随着计算机硬件系统和软件系统的不断升级换代，特别是 20 世纪后期，计算机技术和通信技术相结合而产生的计算机网络，使得以计算机技术为基础的高新技术迅猛发展，应用领域也日益广泛，极大地促进了生产力和信息化社会的发展，对人类社会的生产方式、生活方式和学习方式都产生了极其深远的影响。

### 1.1.1　计算机起源与发展

**1. 计算机的起源**

追溯足迹，计算机的发明是由原始的计算工具发展而来的。早在原始社会，人类就用结绳、垒石或枝条作为辅助进行计数和计算的工具。在我国，春秋时代就有用算筹计数的"筹算法"。公元 6 世纪左右，中国人开始使用算盘作为计算工具。算盘是我国人民的独特创造，是一种彻底的采用十进制的计算工具。随着人类社会生产的不断发展和社会生活的日益丰富，人们希望能够发明出一种能自动进行计算、存储和数据处理的机器。许多先驱者踏上了发明计算工具的艰难历程。

1642 年，欧洲学者发明了对数计算尺；1642 年，布莱斯·帕斯卡发明了机械计算机；1854 年，英国数学家布尔提出了符号逻辑的思想。19 世纪，英国数学家查尔斯·巴贝奇最先提出通用数字计算机的基本设计思想，并于 1822 年设计了一台差分机；他于 1832 年开始

计算机起源

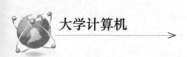

设计一种基于计算自动化的程序控制的分析机，在该机的设计中，他提出了几乎是完整的计算机设计方案，被称为"计算机之父"。在 19 世纪中期到 20 世纪初，随着电磁学理论的研究和电能的开发使用，科学家又将电器元件应用于计算工具的研究中，研制成功了 Model-K、Z 系列和 Mark 系列等电磁计算机。

1946 年 2 月，第一台电子计算机 ENIAC（见图 1-1）在美国的宾夕法尼亚大学问世，ENIAC 使用了 18 000 个电子管和 86 000 个其他电子元器件，占地面积 160 平方米，重达 30 吨，每秒能够完成加法运算 5 000 次，它的诞生揭开了计算机时代的序幕，从此开创计算机发展的新时代。

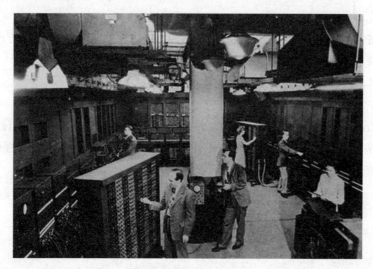

图 1-1  第一台电子计算机 ENIAC

美国数学家冯·诺依曼根据 ENIAC 提出了改进方案，科学家们研制出了人类第一台具有存储程序功能的计算机——EDVAC，1952 年研制成功并投入使用，其运算速度是 ENIAC 的 240 倍。第一台"存储程序"控制的实验室计算机——EDSAC，1949 年 5 月在英国剑桥大学完成。第一台"存储程序"控制的商品化计算机——UNIVAC-I，1951 年问世。

**2. 计算机的发展**

从 1946 年第一台电子数字计算机问世至今，按计算机所采用的电子器件来划分，计算机的发展共经历了以下几个时代。

1）第一代，电子管计算机

从 1946 年到 1956 年，是电子管计算机时代。其主要逻辑元器件是电子管，运算速度仅为每秒几千次，程序设计语言采用机器语言和汇编语言，主要用于科学研究和工程计算。

2）第二代，晶体管计算机

从 1956 年到 1964 年，是晶体管计算机时代。其主要元器件是晶体管，晶体管比电子管小得多，消耗能量较少，处理更迅速、更可靠。运算速度为每秒几十万次，出现了 ALGOL、FORTRAN 和 COBOL 等高级程序设计语言，主要用于数据处理。

3）第三代，中小规模集成电路计算机

从 1964 年到 1971 年，是中小规模集成电路计算机时代。其主要元器件是中小规模集成电路，集成电路是做在晶片上的一个完整的电子电路，包含了几千个晶体管元件，它的特点是体积更小、价格更低、可靠性更高、计算速度达每秒几十万次到几百万次。高级程序设计语言在这一时期得到了发展，出现了操作系统和会话式语言，逐渐开始应用到各个领域。

4）第四代，大规模集成电路计算机

从 1971 年到现在，是大规模集成电路计算机时代。其主要元器件是大规模超大规模集成电路。1975 年，美国 IBM 公司推出了个人计算机 PC（Personal Computer），运算速度达到了每秒上亿次，甚至上千万亿次的数量级，操作系统不断完善，计算机开始深入人类生活的各个方面。

5）新一代计算机

计算机最基本的元件是芯片，为此世界各国的研究人员正在加紧开发以量子计算机、分子计算机、生物计算机、超导计算机和光计算机等为代表的未来计算机。但是，目前尚没有真正意义上的新一代计算机问世。

中国计算机发展

1956 年，《十二年科学技术发展规划》就把计算机列为发展科学技术的重点之一，并在 1957 年筹建中国第一个计算技术研究所。2002 年 8 月 10 日，我国成功制造出首枚高性能通用 CPU——龙芯一号。龙芯的诞生，打破了国外的长期技术垄断，结束了中国近二十年无"芯"的历史。

**3. 计算机的分类**

计算机分类方法较多，根据处理的对象、用途和规模不同可有不同的分类方法，下面介绍常用的分类方法。

1）根据处理的对象划分

计算机根据处理对象划分，可分为模拟计算机、数字计算机和混合计算机。

2）根据计算机的用途划分

根据计算机的用途可以分为专用计算机和通用计算机两种。

3）根据计算机的规模划分

计算机的规模用计算机的一些主要技术指标来衡量，如字长、运算速度、存储容量、输入和输出能力、价格高低等。目前，一般把计算机分为巨型机、大型机、小型机、微型机和工作站等。

**4. 计算机的应用**

计算机的应用可概括为以下几个方面。

1）科学计算（或称为数值计算）

早期的计算机主要用于科学计算。目前，科学计算仍然是计算机应用的一个重要领域。如高能物理、工程设计、地震预测、气象预报、航天技术等。由于计算机具有高运算速度和精度以及逻辑判断能力，因此出现了计算力学、计算物理、计算化学、生物控制论等新的学科。

2）过程检测与控制

利用计算机对工业生产过程中的某些信号自动进行检测，并把检测到的数据存入计算机，再根据需要对这些数据进行处理，这样的系统称为计算机检测系统。特别是仪器仪表引

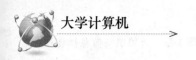

进计算机技术后所构成的智能化仪器仪表，将工业自动化推向了一个更高的水平。

3）信息管理（数据处理）

信息管理是目前计算机应用最广泛的一个领域。利用计算机来加工、管理与操作任何形式的数据资料，如企业管理、物资管理、报表统计、账目计算、信息情报检索等。近年来，国内许多机构纷纷建设自己的管理信息系统（MIS）；生产企业也开始采用制造资源规划软件（MRP），商业流通领域则逐步使用电子信息交换系统（EDI），即所谓无纸贸易。

4）计算机辅助系统

计算机辅助设计（CAD）是指利用计算机来帮助设计人员进行工程设计，以提高设计工作的自动化程度，节省人力和物力。目前，此技术已经在电路、机械、土木建筑、服装等设计中得到了广泛的应用。

计算机辅助制造（CAM）是指利用计算机进行生产设备的管理、控制与操作，从而提高产品质量、降低生产成本，缩短生产周期，并且还大大改善了制造人员的工作条件。

计算机辅助测试（CAT）是指利用计算机进行复杂而大量的测试工作。

计算机辅助教学（CAI）是指利用计算机帮助教师讲授和帮助学生学习的自动化系统，使学生能够轻松自如地从中学到所需要的知识。

5. 计算机的特点

计算机具有很强的生命力，并能飞速地发展，是因为计算机本身具有很多特点，具体体现在以下几个方面。

1）运算速度快

计算机的运算部件采用的是电子器件，其运算速度远非其他计算工具所能比拟，而且运算速度还以每隔几个月提高一个数量级的速度在快速发展。

2）计算精度高

计算机的计算精度取决于计算机的字长，而非取决于它所用的电子器件的精确程度。计算机的计算精度在理论上不受限制，一般的计算机均能达到 15 位有效数字，经过技术处理可以满足任何精度要求。

3）存储容量大

计算机的存储性是计算机区别于其他计算工具的重要特征。计算机的存储器可以把原始数据、中间结果、运算指令等存储起来，以备随时调用。存储器不但能够存储大量的信息，而且能够快速准确地存入或取出这些信息。

4）具有逻辑判断能力

思维能力本质上是一种逻辑判断能力，也可以说是因果关系分析能力。借助于逻辑运算，可以让计算机做出逻辑判断，分析命题是否成立，并可根据命题成立与否采取相应的对策。

5）工作自动化

计算机内部的操作运算是根据人们预先编制的程序自动控制执行的。只要把包含一连串指令的处理程序输入计算机，计算机便会依次取出指令，逐条执行，完成各种规定的操作，直到得出结果为止。

6）通用性强

通用性是计算机能够应用于各种领域的基础。任何复杂的任务都可以分解为大量的基本的算术运算的逻辑操作，计算机程序员可以把这些基本的运算和操作按照一定规则写成一系列操作指令，加上运算数据，形成程序就可以完成任务。

## 1.1.2　计算思维基础

思维是人类所具有的高级认识活动。按照信息论的观点，思维是对新输入信息与脑内储存知识经验进行一系列复杂的心智操作过程。计算思维是人的、不是计算机的思维方式。计算思维是人类求解问题的思维方法，而不是使人类像计算机那样思考。

**1. 计算思维**

2006 年 3 月，美国卡内基·梅隆大学计算机科学系主任周以真（Jeannette M. Wing）教授在美国计算机权威期刊《Communications of the ACM》杂志上给出并定义了计算思维（Computational Thinking）。周教授认为：计算思维是运用计算机科学的基础概念进行问题求解、系统设计，以及人类行为理解等涵盖计算机科学之广度的一系列思维活动。

计算思维的本质：抽象（Abstraction）和自动化（Automation）。

计算思维的本质反映了计算的根本问题，即什么能被有效地自动进行。计算是抽象地自动进行，自动化需要某种计算机去解释现象。从操作层面上讲，计算就是如何寻找一台计算机去求解问题，选择合适的抽象，选择合适的计算机去解释执行抽象，后者就是自动化。

计算思维中的抽象完全超越物理的时空观，并完全用符号来表示。其中，数字抽象只是一类特例。自动化就是机械地一步一步自动执行，其基础和前提是抽象。

**2. 计算思维特征**

（1）计算思维是人类问题求解的途径，是属于人的思维方式，而不是计算机的思维方式，是人将计算思维的思想赋予了计算机，计算机才能够进行递归等计算。

（2）计算思维的过程可以由人执行，也可以由计算机执行。这些计算人和计算机都可以做，只不过人的速度慢而已。借助于超算能力的计算机，人类就可以去解决那些在计算时代之前不敢尝试的问题，实现只有想不到的，没有做不到的境界。

（3）计算思维是思想，不是人造物。计算思维不是硬件，而是计算这一概念用于求解问题、管理日常生活以及与他人交流和互动的思想。

（4）计算思维是概念化，不是程序化。计算机科学并不仅仅是计算机编程，像计算机科学家那样去思维意味着远不止能为计算机编程，还要求能够在抽象的多个层次上思维。

**3. 计算思维方法**

1）约简、嵌入、转化、仿真

用来把一个看来困难的问题重新阐释成一个人们知道问题怎样解决的思维方法。

2）递归、并行

把代码译成数据又能把数据译成代码的方法、多维分析推广的类型检查方法。

3）抽象、分解

用来控制庞杂的任务或进行巨大的复杂系统设计，基于关注分离的方法。

4）建模

选择合适的方式去陈述一个问题的方法、对一个问题的相关方面建模，使其易于处理的思维方法。

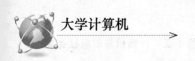

5）预防、保护、冗余、容错、纠错、恢复

按照预防、保护及通过冗余、容错、纠错的方式，并从最坏情况进行系统恢复的一种思维方法。

6）启发式推理、规划、学习、调度

用于在不确定情况下的规划、学习和调度的思维方法。

7）海量数据、计算、折中

利用海量数据来加快计算，在实践和空间之间，在处理能力和存储容量之间进行折中的思维方法。

**4. 计算思维的四种思维方式**

1）分层思维

分层思维可以将复杂的问题拆解成小问题，把复杂的物体拆解成较轻易应付和理解的小物件，通过解决小问题从而解决复杂的问题，使问题变得更加简单。

2）模式识别

模式识别可以寻找到事物之间的共同特点，利用相同的规律，去解决问题。

3）流程建设

流程建设是一步一步解决问题的过程，按照一定的顺序完成一个任务，同样的事情人人都会学习操作。

4）抽象化

抽象化思维是将重要的信息提炼出来，去除次要信息的能力，将一个解决方案应用于其他事物中，制定出解决方案的总体思路。

# 1.2 信息与信息社会

在现代社会，计算机已广泛应用到军事、科研、经济、文化等各个领域，成为人们一个不可缺少的好帮手。

## 1.2.1 现代信息技术基础

以计算机及其网络技术和现代通信技术等为代表的现代信息技术是当代科学技术发展的主导领域。现代信息技术正以其他技术从未有过的速度向前发展，并以其他任何一种技术从未有过的深度和广度介入社会的方方面面。

**1. 现代信息技术基础**

现代信息技术是借助以微电子学为基础的计算机技术和电信技术的结合而形成的手段，对声音的、图像的、文字的、数字的和各种传感信号的信息进行获取、加工、处理、存储、传播和使用的能动技术。

**2. 现代信息技术内容**

信息技术主要包括计算机技术、通信技术、传感技术、微电子技术等。

**3. 现代信息技术的特点**

信息技术的主要特征是传递性、共享性、依附性和可处理性、价值相对性、时效性、真伪性。

## 1.2.2　信息获取与处理

信息获取指围绕一定目标，在一定范围内，通过一定的技术手段和方式方法获得原始信息的活动和过程。

**1. 信息获取**

信息获取是整个信息周转过程的第一个基本环节，必须具备三个步骤才能有效地实现：

（1）制定信息获取的目标要求，即要搜集什么样的信息，做什么用。

（2）确定信息获取的范围方向，即从什么地方才能获得这些信息。

（3）采取一定的技术手段、方式和方法获取信息。由于需要不同，信息获取的技术手段、方式、方法也不相同，如破案工作要采取侦察、技术鉴定等方法，而科研工作必须利用情报检索工具和手段等。

**2. 信息处理**

信息处理就是对信息的接收、存储、转化、传送和发布等。计算机信息处理的过程实际上与人类信息处理的过程一致。人们对信息处理也是先通过感觉器官获得的，通过大脑和神经系统对信息进行传递与存储，最后通过言、行或其他形式发布信息。信息既不是物质也不是能量，是人类在适应外部环境以及在感知外部环境时而做出协调时与外部环境交换的内容的总称。因此，可以认为，信息是人与外界的一种交互通信的信号量。

1）信息的存储

利用大容量的计算机存储设备储存数据，其可靠性与永久性超过了历史上任何一种信息存储载体。

2）信息的分析

每秒钟能进行几千亿次乃至几万亿次运算的计算机，为人们提供了快速准确处理信息的能力。它能从瞬息万变、多如牛毛的信息中，以最快的速度分析有用的信息，供人决策。

3）信息的表示

多媒体计算机把各种传统的信息展示手段（如文字、图像、声音等）有机地结合在一起，使信息以更加丰富多彩的形式呈现在人们面前。

4）信息的发布

在因特网上发布信息或发送电子邮件是目前最快捷、最便宜的信息发布方法。在因特网上寄信，即使收信者远在美国或澳大利亚，信件也能在最短的时间内到达，还能随信发送声音和图像。

## 1.2.3　计算机中数据表示

**1. 进制及其转换**

进位计数制，是指用进位的方法进行计数的数制，简称进制。在日常生活中，人们习惯用十进制来表示数。在计算机中采用不同的数制表示数据。在计算机内所有的数据都是用二

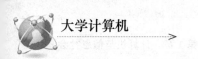

进制来表示的，但是在输出或显示时，我们仍习惯用十进制。在计算机编程中，有时还采用八进制和十六进制，这样就存在同一个数可用不同的数制表示及它们之间相互转换的方法问题。

数码：一组用来表示某种数制的符号。例如：1、2、3、A、B、C 等。

基数：数制所使用的数码个数称为"基数"或"基"，常用"$R$"，表示，称为 $R$ 进制。例如十进制的数码是 0、1、2、3、4、5、6、7、8、9，基数为 10。

位权：数码在不同位置上的权值称为位权。在进位计数制中，处于不同位置的数码代表的数值不同。

1）常用的进位计数制

十进制（Decimal System）由 0、1、2、3、4、5、6、7、8、9 这 10 个数码组成，也就是说它的基数是 10。十进制的特点是：逢十进一，借一当十。十进制各位的权是以 10 为底的幂。

二进制（Binary System）由 0、1 这 2 个数码组成，也就是说它的基数是 2。二进制的特点是：逢二进一，借一当二。二进制各位的权是以 2 为底的幂。

八进制（Octal System）由 0、1、2、3、4、5、6、7 这 8 个数码组成，也就是说它的基数是 8。八进制的特点是：逢八进一，借一当八。八进制各位的权是以 8 为底的幂。

十六进制（Hexadecimal System）由 0、1、2、3、4、5、6、7、8、9、A、B、C、D、E、F 这 16 个数码组成，也就是说它的基数是 16。十六进制的特点是：逢十六进一，借一当十六。十六进制各位的权是以 16 为底的幂。

常用的进制及其表示见表 1-1。

表 1-1　进制及其表示

| 进制 | 数码 | 特点 | 表示方法 |
| --- | --- | --- | --- |
| 十进制 | 0、1、2、3、4、5、6、7、8、9 | 逢十进一<br>借一当十 | 1234、1234D、$(1234)_{10}$ |
| 二进制 | 0、1 | 逢二进一<br>借一当二 | 1010B、$(10001)_2$ |
| 八进制 | 0、1、2、3、4、5、6、7 | 逢八进一<br>借一当八 | 521O、$(520)_8$ |
| 十六进制 | 0、1、2、3、4、5、6、7、8、9、<br>A、B、C、D、E、F | 逢十六进一<br>借一当十六 | 520H、$(25B)_{16}$ |

2）进制转换

（1）二进制数、八进制数、十六进制数转换为十进制数采用按权展开法。

把二进制数、八进制数、十六进制数按位权形式展开成多项式和的形式，求其最后的和，就是其对应的十进制数。

例：将二进制数 11010101 转换成对应的十进制数。

$$(11010101)_2 = 1 \times 2^7 + 1 \times 2^6 + 1 \times 2^4 + 1 \times 2^2 + 1 \times 2^0$$
$$= 128 + 64 + 16 + 4 + 1$$
$$= 213$$

（2）十进制数转换为二进制数、八进制数、十六进制数的方法：整数部分，除 $R$ 取余；小数部分，乘 $R$ 取整。

十进制数转换为二进制数、八进制数、十六进制数，整数部分通常采用除 $R$ 取余法，即用 $R$ 连续除十进制数，直到商为 0，逆序排列余数即可得到；小数部门通常采用乘 $R$ 取整法，即连续乘 $R$，直到小数部分为 0 为止。

例：将十进制数 25.25 转换成对应的二进制数。其转换过程如图 1-2、图 1-3 所示。

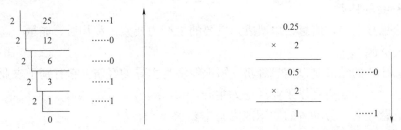

图 1-2　整数部分计算过程　　　　　　　　图 1-3　小数部分计算过程

$$(25.25)_{10} = (11001.01)_2$$

（3）二进制数与八进制数之间的转换。

二进制数转换为八进制数的方法：取三合一法，即以二进制的小数点为分界点，向左（向右）每三位取成一位，接着将这三位二进制按权相加，得到的数就是一位八进制数，然后，按顺序进行排列，小数点的位置不变，得到的数字就是我们所求的八进制数。

如果向左（向右）取三位后，取到最高（最低）位时候，无法凑足三位时，可以在小数点最左边（最右边），即整数的最高位（最低位）添 0，凑足三位。

八进制数转换为二进制数的方法：取一分三法，即将一位八进制数分解成三位二进制数，用三位二进制按权相加去凑这位八进制数，小数点位置照旧。

（4）二进制数与十六进制数之间的转换。

二进制数转换为十六进制数的方法：与二进制数转换成八进制数的方法相似，只不过是一位（十六）与四位（二进制）的转换。

十六进制数转换为二进制数的方法：取一分四法，即将一位十六进制数分解成四位二进制数，用四位二进制按权相加去凑这位十六进制数，小数点位置照旧。

**2. 数据在计算机中的表示**

计算机中数据的单位：位和字节。

1）位（bit）

位简记为 b，也称为比特，是计算机存储数据的最小单位。一个二进制位只能表示 0 或 1，要想表示更大的数，就要把更多的位组合起来。

2）字节（Byte）

字节来自英文 Byte，简记为 B。规定 8 bit＝1 B。字节是存储信息的基本单位。微型计

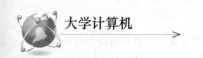

算机存储器是由一个个存储单元构成的，每个存储单元的大小就是一个字节，所以存储容量大小也以字节数来度量。常用到的其他度量单位有 KB、MB、GB、TB，其换算关系为：

$1 \text{ KB} = 2^{10} \text{ B}$ ， $1 \text{ MB} = 2^{10} \text{ KB} = 2^{20} \text{ B}$ ， $1 \text{ GB} = 2^{10} \text{ MB} = 2^{30} \text{ B}$ ， $1 \text{ TB} = 2^{10} \text{ GB} = 2^{40} \text{ B}$ ，
$1 \text{ PB} = 2^{10} \text{ TB} = 2^{50} \text{ B}$

### 1.2.4 信息社会

信息社会也称信息化社会，是脱离工业化社会以后，信息将起主要作用的社会。所谓信息社会，是以电子信息技术为基础，以信息资源为基本发展资源，以信息服务性产业为基本社会产业，以数字化和网络化为基本社会交往方式的新型社会。

**1. 信息社会的特点**

（1）在信息社会中，信息、知识成为重要的生产力要素，和物质、能量一起构成社会赖以生存的三大资源。

（2）信息社会的经济是以信息经济、知识经济为主导的经济，它有别于农业社会是以农业经济为主导，工业社会是以工业经济为主导。

（3）在信息社会，劳动者的知识成为基本要求。

（4）科技与人文在信息、知识的作用下更加紧密地结合起来。

（5）人类生活不断趋向和谐，社会可持续发展。

**2. 信息社会的影响**

1）信息化促进产业结构的调整、转换和升级

信息产业在国民经济中的主导地位越来越突出。国内外已有专家把信息产业从传统的产业分类体系中分离出来，称其为农业、工业、服务业之后的"第四产业"。

2）信息化成为推动经济增长的重要手段

信息经济的一个显著特征就是技术含量高，渗透性强，增值快，可以很大程度上优化对各种生产要素的管理及配置，从而使各种资源的配置达到最优状态，以降低生产成本，提高劳动生产率，扩大社会的总产量，推动经济的增长，改变传统的经济增长模式。

3）信息化引起生活方式和社会结构的变化

随着数字化的生产工具与消费终端的广泛应用，人类已经生活在一个被各种信息终端所包围的社会中。信息逐渐成为现代人类生活不可或缺的重要元素之一。在信息化程度较高的发达国家，其信息业从业人员已占整个社会从业人员的一半以上。一大批新的就业形态和就业方式被催生，如弹性工时制、家庭办公、灵活就业等。

**3. 计算机在信息社会的应用**

1）办公领域

以个人计算机为核心的办公室事务处理机、传真机、复印机、智能电话等，能使办公室处理实现自动化作业。在许多行业，由计算机控制的机器人代替人类，大大减轻了人类的劳动强度，提高了生产效率。

2）生活领域

计算机正在进入家庭，给人们的生活方式带来了深刻变化，全自动洗衣机（计算机控制）为人们免去了洗衣的烦恼，空调器与电冰箱（由计算机根据温度的变化控制运作）为人们带

来一个清凉的世界。

3）科研领域

在科研领域，使用计算机进行各种复杂的运算及大量数据的处理，如卫星飞行的轨迹、天气预报中的数据处理等。在学校和政府机关，每天都涉及大量数据的统计与分析，有了计算机，工作效率就得到大幅提高。

除此之外，计算机也广泛应用到军事、经济、文化等各个领域，成为人们一个不可缺少的好帮手。

## 思考

1. 根据计算机在日常生活中的应用，说出它具体属于什么应用范围？
2. 结合自己对计算机的认知及期待，说说你对未来计算机的预期。
3. 结合所学，构想一款未来计算机，从外观、特点、功能等角度进行策划与说明。

# 第 2 章　计算机系统

### 学习目标

- 了解计算机的工作原理、操作系统；
- 熟悉 Windows 10 操作系统的基本操作；
- 掌握计算机硬件系统和软件系统，以及 Windows 10 操作系统控制面板的使用方法。

随着计算机的普及，使用计算机的人越来越多，但很多人在使用计算机时，并不了解计算机的工作原理，对计算机系统知之甚少。那么计算机系统包括哪些部分呢？计算机系统由硬件系统和软件系统组成，硬件系统是计算机赖以工作的实体，软件系统是计算机的精髓，两者协作运行可以解决实际问题。本章将首先介绍计算机硬件系统和软件系统的相关知识，其次介绍操作系统的基本概念、基本功能和分类，最后介绍 Windows 10 操作系统的基本操作和其控制面板的使用方法，使读者对计算机系统有较深入的认识。

## 2.1　计算机系统

一个完整的计算机系统由硬件系统和软件系统两大部分组成，并按照"存储程序"的方式工作。硬件系统是指由各种处理器件组成的计算机实体，是计算机工作的物质基础。软件系统是指管理和控制计算机运行的各种程序和数据的总称，是计算机的灵魂。两者协作运行才能充分发挥计算机的功能。计算机系统组成如图 2–1 所示。

### 2.1.1　计算机硬件系统

计算机硬件是指计算机系统中由电子、机械和光电元件等组成的各种计算机和计算机设备。这些部件和设备依据计算机系统结构的要求构成一个有机整体，称为计算机硬件系统。未配置任何软件的计算机叫裸机，它是计算机完成工作的物质基础。

冯·诺依曼提出的"存储程序"工作原理决定了计算机硬件系统由五个基本组成部分组成，即运算器、控制器、存储器、输入设备和输出设备。

#### 1. 运算器

运算器由算术逻辑运算单元和寄存器等组成。算术逻辑运算部件完成加、减、乘、除等四则运算以及与、或、非和移位操作；寄存器用来提供参与运算的操作数，并存放运算的结果。

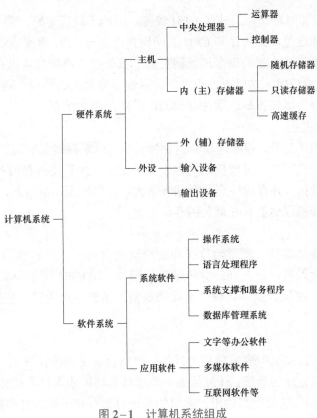

图 2-1　计算机系统组成

**2. 控制器**

控制器是整个计算机系统的控制中心，向其他部件发出控制信号，指挥所有部件协调工作。如今的大规模集成电路技术已将控制器和运算器集成在一块芯片中，这块芯片成为中央处理器（Central Processing Unit，CPU）。

**3. 存储器**

存储器是计算机中用于存放程序和数据的部件，并能在计算机运行过程中高速、自动地完成程序或数据的存放。存储器分为内存和外存，内存又称为主存储器，外存又称为辅助存储器。

1）内存

内存是 CPU 可直接访问的存储器，是计算机中的工作存储器，当前正在运行的程序与数据都必须存放在内存中。内存储器分为 ROM、RAM 和 Cache。

（1）只读存储器（ROM）。ROM 中的数据或程序一般是在将 ROM 装入计算机前事先写好的。一般计算机工作过程中只能从 ROM 中读出事先存储的数据，而不能改写。ROM 常用于存放固定的程序和数据，并且断电后仍然长期保存。ROM 的容量较小，一般存放系统的基本输入输出系统（BIOS）等。

（2）随机存储器（RAM）。RAM 的容量与 ROM 相比要大得多，CPU 从 RAM 中既可读出信息也可写入信息，但断电后所存的信息就会丢失。

（3）高速缓存（Cache）。随着 CPU 主频的不断提高，CPU 对 RAM 的存储速度加快了，

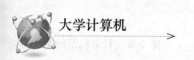

而 RAM 的响应速度相对较慢，造成了 CPU 等待，降低了处理速度，浪费了 CPU 的能力。为协调二者之间的速度差，在内存和 CPU 之间设置一个与 CPU 速度接近，高速的、容量相对较小的存储器，把正在执行的指令地址附近的一部分指令或数据从内存调入这个存储器，供 CPU 在一段时间内使用，这对提高程序的运行速度有很大的作用。这个介于内存和 CPU 之间的高速小容量存储器称作高速缓冲存储器，一般简称为缓存。

2）外存

外存是主机的组成部分，存储速度较内存慢得多，用来存储大量的暂时不参加运算或处理的数据和程序，一旦需要，可成批地与内存交换信息。外存是内存的补充，但是 CPU 不可以直接访问外存数据。外存的特点是存储容量大、可靠性高、价格低，断电后可以永久地保存信息。常用的外部存储器有硬盘、闪存、光盘。

4. 输入设备

输入设备的主要功能是，把原始数据和处理这些数据的程序转换为计算机能够识别的二进制代码，通过输入接口输入到计算机的存储器中，供 CPU 调用和处理。常用的输入设备有鼠标、键盘、扫描仪、数字化仪、数码摄像机、条形码阅读器、数码相机和 A/D 转换器等。

5. 输出设备

输出设备是指从计算机中输出信息的设备。输出设备是指从计算机中输出信息的设备。它的功能是将计算机处理的数据、计算结果等内部信息转换成人们习惯接受的信息形式（如字符、图形、声音等），然后将其输出。常用的输出设备有显示器、打印机、音响、绘图仪、视频投影仪及各种数/模转换器（D/A）等。

## 2.1.2 计算机软件系统

计算机软件是指计算机系统中的程序及其文档（对程序进行描述的文本文件）。计算机是按照一定的指令工作的，通常一条指令对应一种基本操作，计算机所能实现的全部指令的集合称为该计算机的指令系统。程序是按事先设计的功能和性能要求执行的指令序列。文档则是与程序的开发、维护和使用相关的各种图文资料，如各种需求规格说明书、设计说明书和用户手册等。计算机软件通常分为系统软件和应用软件两大类。

1. 系统软件

系统软件是管理、监控和维护计算机资源、开发应用软件的软件。系统软件居于计算机系统中最靠近硬件的一层，主要包括操作系统、语言处理程序、数据库管理系统和支撑服务软件等。

1）操作系统（Operating System，OS）

操作系统是计算机系统的指挥调度中心，它可以为各种程序提供运行环境。常见的操作系统有 Windows 和 Linux 等。

2）语言处理程序

程序设计语言经历了机器语言、汇编语言和高级语言三个阶段，计算机只能识别和执行机器语言，用其他各种程序设计语言编写的源程序，计算机是不能直接执行的，必须通过"翻译程序"计算机才能识别和执行，这些"翻译程序"就是语言处理程序，它们的基本功能是把面向用户的高级语言或汇编语言编写的源程序"翻译"成计算机可执行的二进制语言程序。

3）系统支撑服务程序

系统支撑服务程序又称为工具软件，如系统诊断程序、调试程序、排错程序、杀毒程序等，都是为维护计算机系统的正常运行或支持系统开发所配置的软件系统。如 Windows 操作系统中自带的磁盘整理程序等。

4）数据库管理系统

数据库管理系统（Database Management System，DBMS）是一种操作和管理数据库的大型软件，它位于用户和操作系统之间，主要是用来建立存储各种数据资料的数据库，并进行操作和维护。常用的数据库管理系统有小型数据库管理系统 FoxPro、Access 等和大型数据库管理系统 Oracle、DB2、MySQL 等。

**2. 应用软件**

为解决计算机各类应用问题而编写的软件称为应用软件。应用软件包括各种程序设计语言，以及用各种程序设计语言编制的应用程序。常见的应用软件种类有办公、图形处理与设计、图文浏览、翻译与学习、多媒体播放和处理、网站开发、程序设计、磁盘分区、数据备份与恢复和网络通信等。应用软件具有很强的实用性。

## 2.1.3 案例应用：计算机配置与选购

现在电脑的使用很普遍，几乎每家都配有电脑。而市面上的电脑品牌、系列、型号有很多，可选择性多，就算是同一价位的也有很多。虽说大家都知道选购电脑时要看电脑的配置，一般选择配置较好的，但选购电脑时怎么选择电脑配置呢？

**1. 品牌**

首先，笔记本的品牌是选购笔记本很重要的一个参数。不同的生产商对自家笔记本的定位都各有不同。如联想的 ThinkPad 系列，一直保持着传统的"小黑"样式（当然 S3 已经打破这一传统，算是 ThinkPad 新的尝试），并不懈追求品质，是性能和稳定性的杰出代表；犹如索尼系列，虽然在稳定性、耐用性上比较弱，但时尚、高端的外观和做工也有不错的吸引力。因此，购买笔记本之前，要确定自己对笔记本需求的定位，然后选择合适的品牌，这样才是明智之举。笔记本品牌如图 2-2 所示。

**2. CPU**

CPU 是一台笔记本电脑的核心，其性能强弱一定意义上会决定笔记本电脑的运行速度，其档次也会影响到笔记本电脑的价格（例如常见的 i3、i5、i7）。但在笔记本电脑上，往往一些 i5 的 CPU 性能比 i7 要厉害。这又是为什么呢？主要是大多数人忽略了 CPU 的后缀。目前主流的笔记本电脑后缀有以下几种：

后缀为 U 代表低电压，例如 i7 10510U R7 4800U（英特尔十代和十一代以后用"G"表示），这类 CPU 性能一般，但功耗小、发热低。做出来的笔记本就比较轻薄，续航时间也久。一般轻薄本上用的都是这类 CPU。后缀为 H 代表标准电压，例如 i5-10400H R4 600H。标压版在性能方面比低压版相对要好很多，但功耗和发热也要大很多。一般被用在游戏本和全能本等高性能本上。

图 2-2　笔记本品牌

　　以上介绍的 i5-10400H R4 600H 在档次上比不上低压版 i7 10510U R7 4800U。但前者的性能是高于后者的。众所周知，CPU 市场主要是 intel 和 AMD 两者之间的较量，如图 2-3所示。当然，除了品牌外，CPU 的主频也是需要关注的参数之一。主频越高，说明 CPU 运算速度越快，性能越好。AMD 的 CPU 还具有超频的特性，不过需要进行一些配置，但是效果绝对可赞。

　　3. 显卡

　　显卡分为独立显卡（独显）和集成显卡（集显），集显就是 CPU 里集成的显卡，其性能会相对较弱一些。而独显的性能则通常会强一些，显卡好坏关系着显示屏画面的好坏，如图 2-4 所示。目前的显卡品牌也是两家独大：ATI 和 NVIDIA。如果只是正常办公，选择NVIDIA 的显卡就够用了。如果是游戏发烧友，建议选择 ATI 芯片的显卡，它在图像处理方面更占优势。另外，还需关注显卡的显存、分辨率等。

图 2-3　AMD 与 intel CPU

图 2-4　显卡

#### 4. 内存

要想有绝对流畅的体验，就要保证内存足够大，现在主流内存大小是 8 GB，高配是 16 GB。当然还有一个理论的最大支持内存，这个参数的大小决定着内存的扩展空间。假如笔记本只有 2 GB 内存，但最大支持内存是 4 GB，我们也可以再添加一个 2 GB 的内存条（电脑一般有两个内存条），这样就相当于 4 GB 内存了，如图 2-5 所示。

#### 5. 硬盘的容量

硬盘分为机械硬盘（HDD）和固态硬盘（SSD），现在一般选择固态硬盘，如图 2-6 所示。硬盘的容量决定了笔记本自身能存储的文件大小，现在多为 500 GB 或者 1 TB 的。部分电脑有多余硬盘位用于后期加装，另外数据过多也可外接移动硬盘。

图 2-5　内存条

图 2-6　硬盘

#### 6. 笔记本屏幕

一块好的屏幕对使用舒适度的提升还是很明显的。材质方面，IPS 屏幕比 TN 屏幕观感要好很多，目前主流的笔记本大多都采用了 IPS 屏幕。除了材质问题，还有色域的问题。低端笔记本的屏幕通常为 45%NTSC 色域，看视频的时候会有明显偏色现象。稍好一些的屏幕会采用 72%NTSC 色域的 IPS 屏，基本可以满足日常使用和非专业修图。

#### 7. 电脑的操作系统位数

电脑的操作系统位数即 32 bit、64 bit。这个其实是 CPU 的参数之一，64 bit CPU 拥有更大的寻址能力，最大支持到 16 GB 内存，而 32 bit 只支持 4 GB 内存。理论上 64 bit 处理器的性能是 32 bit 的 4 倍，处理速度更快。

#### 8. 其余参数

有 USB 接口、网卡、声卡、光驱（磁盘刻录）等。

下面对比一下 2021 年在京东购置不同品牌不同配置电脑情况如表 2-1 所示。

表 2-1　购置不同品牌不同电脑配置情况

| 系列<br>参数 | MateBook X 系列 | MateBook 系列 | MateBook Book D 系列 | MateBook B 系列 |
| --- | --- | --- | --- | --- |
| 型号 | HUAWEI MateBook X Pro 2021 | HUAWEI MateBook 14 2021 款 | HUAWEI MateBook D 15 2021 款 | HUAWEI MateBook B5-420 |
| 图片 |  |  |  |  |
| 屏幕尺寸 | 13.9 in | 14 in | 15.6 in | 14 in |

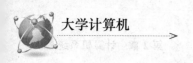
续表

| 系列<br>参数 | MateBook X 系列 | MateBook 系列 | MateBook Book D 系列 | MateBook B 系列 |
| --- | --- | --- | --- | --- |
| 质量 | 约 1.33 kg | 1.49 kg | 1.63 kg | 1.49 kg |
| 分辨率 | 3 000×2 000 像素 | 2 160×1 440 像素 | 1 920×1 080 像素 | 2 160×1 440 像素 |
| 操作系统 | Windows 10<br>64 位操作系统 | Windows 10<br>64 位操作系统 | Windows 10<br>64 位操作系统 | Windows 10<br>64 位操作系统 |
| CPU 型号 | 第十一代英特尔®<br>酷睿™ i5-1135G7<br>处理器 | 第十一代智能英特尔®<br>酷睿™ i5-1135G7<br>处理器 | AMD 锐龙 7 5700U | 第十代智能英特尔®<br>酷睿™ i5-10210 U<br>处理器 |
| CPU | 四核 | 四核 | 八核 | 四核 |
| 处理器 | 8 线程，基频 2.4 GHz，<br>最高频率 4.2 GHz | 8 线程，基频 2.4 GHz，<br>最高频率 4.2 GHz | 16 线程，基频 1.8 GHz，<br>最大加速时钟频率<br>4.3 GHz | 8 线程 |
| 硬盘<br>（SSD） | 512 GB | 512 GB | 512 GB | 512 GB |
| 运行内存 | DDR4、16 GB | DDR4、16 GB | DDR4、16 GB | LPDDR3 2 133 MHz、<br>8 GB |
| 显卡 | 英特尔锐炬®<br>Xe 显卡 | NVIDIA® GeForce®<br>MX450 | AMD Radeon™<br>Graphics | Intel® UHD Graphics<br>620 |
| 显卡容量 | 独显，2 GB | 独显，2 GB | 集显，1 900 MHz | 集显 |
| 机身 | 304 mm×217 mm×<br>14.6 mm | 307.5 mm×223.8 mm×<br>15.9 mm | 357.8 mm×229.9 mm×<br>16.9 mm | 307.5 mm×223.8 mm×<br>15.9 mm |
| 续航 | 本地视频约 10 h | 本地视频约 10 h | 本地视频约 10.2 h | 大于 8 h |
| 价格 | 8 999 元 | 6 999 元 | 5 399 元 | 6 999 元 |

注：1 in=2.54 cm。

# 2.2 操作系统

## 2.2.1 操作系统的基本概念

操作系统（OS）是指管理和控制计算机硬件与软件资源，控制程序运行，为应用程序提供运行环境和改善人机界面的系统软件，能够直接运行在"裸机"上，是计算机系统软件的核心，任何其他的系统软件和应用软件都必须在操作系统的支持下才能运行，它是靠近计算机硬件的第一层软件，其地位如图 2-7 所示。

## 2.2.2 操作系统的功能

从资源管理的角度来说，操作系统的主要任务是对系统中硬件、软件实施有效的管理，以提高系统资源的利用率，并为用户提供一个良好的工作环境和友好的接口。计算机硬件资源主要是处理器、主存储器和外部设备，软件资源主要是指信息（文件形式存在外存储器上）和各类程序。因此，从资源管理和用户接口的观点来说，操作系统具有处理机管理、存储管理、设备管理、文件管理和提供用户接口的功能。

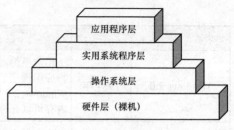

图 2-7　操作系统的地位

**1. 处理机管理**

计算机系统中处理机是最宝贵的系统资源，处理机管理的目的是要合理地按照时间，以保证多个作业能顺利完成并且尽量提高 CPU 的效率，使用户等待的时间最少。操作系统对处理机管理策略不同，提供作业处理方式也就不同。

**2. 存储管理**

存储器用来存放用户的程序和数据，存储管理主要是针对内存储器的管理，主要任务包括：分配内存空间，保证各作业占用的存储空间不发生矛盾，并使各作业在自己所属存储区中不互相干扰。

**3. 设备管理**

当用户程序要使用外部设备时，设备管理控制（或调用）驱动程序使外部设备工作，并随时对该设备进行监控，处理外部设备的中断请求等。

**4. 文件管理**

文件管理则是对软件资源的管理。为了管理庞大的系统软件资源及用户提供的程序和数据，操作系统将它们组织成文件的形式，操作系统对软件的管理实际上是对文件系统的管理。

**5. 用户接口**

计算机用户与计算机的交流是通过操作系统的用户接口（或称用户界面）完成的。操作系统为用户提供的接口有两种，一是操作界面；二是操作系统的功能服务界面。

## 2.2.3 操作系统的发展与分类

**1. 操作系统的发展**

美国微软公司开发的 Windows 操作系统是最常见的计算机操作系统。该系统从 1985 年诞生到现在，经过多年的发展完善，已经成为当前个人计算机的主流操作系统。Windows 操作系统具有人机操作互动性好、支持应用软件多、硬件适配性强等特点，目前推出的 Windows 10 系统相当成熟。表 2-2 回顾了 Windows 操作系统的系列版本。

表 2-2　Windows 操作系统的系列版本

| 名称 | 发布时间 | 简述 |
| --- | --- | --- |
| Windows 1.0 | 1985 年 | 微软公司第一次对 PC 操作平台进行用户图形界面的尝试，推出 Windows 1.0，用户可以通过单击鼠标完成大部分的操作。在 Windows 1.0 中出现了控制面板，对驱动程序、虚拟内存有了明确的定义，不过功能非常有限 |

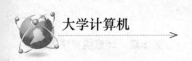
| 名称 | 发布时间 | 简述 |
|---|---|---|
| Windows 2.0 | 1987 年 | 用户不但可以缩放窗口，而且可以在桌面上同时显示多个窗口，还可以将应用程序的快捷方式放在桌面上，同时还引进了全新的键盘快捷键功能。Windows 2.0 的一个重大突破是跳出了 640 KB 基地址内存的束缚，更多的内存可以充分发挥 Windows 优势 |
| Windows 3.0 | 1990 年 | 它在界面、人性化、内存管理等多方面进行了巨大改进，获得用户的认同。使命令行式操作系统编写的 MS－DOS 下的程序可以在窗口中运行，使得程序可以在多任务基础上使用 |
| Windows NT | 1993 年 | 第一款 32 位的 Windows 系统，可以在不同类型的英特尔处理器上运行，可以同时运行多个应用程序，最多为每个应用程序分配 2 GB 的虚拟内存 |
| Windows 95 | 1995 年 | 它带来了更强大的、更稳定、更实用的桌面图形用户界面，同时也结束了桌面操作系统间的竞争，第一次引进了"开始"按钮和任务条。同时，它还集成了网络功能和即插即用（Plug and Play）功能 |
| Windows 98 | 1998 年 | 附带了 IE 浏览器，标志着操作系统开始支持互联网时代的到来，还美化了各种内置软件和工具的外观 |
| Windows 98 SE | 1999 年 | 它的核心部分比 Windows 98 多支持了影音流媒体接收能力，以及 5.1 声道的支持。Windows 98 SE 是 Windows 9X 最好的版本。同时稳定性是历代 9X 中最强的 |
| Windows 2000/Me | 2000 年 | 第一个基于 NT 技术的纯 32 位的 Windows 操作系统，实现了真正意义上的多用户 |
| Windows XP | 2001 年 | Windows XP 是微软 Windows 产品开发历史上的一次飞跃性的产品，不管是外观还是给用户的感觉，它都与前几代 Windows 很不一样。它具有很多核心功能，从此各种网络服务与操作系统被联系到了一起 |
| Windows 7 | 2009 年 | 拥有全新设计的系统界面、绚丽的 Aero 特效、极好的稳定性与安全性，还有丰富的桌面小工具。为了适应桌面版个人用户的不同需求，分成了不同版本，如旗舰版、企业版、专业版等 |
| Windows 8 | 2012 年 | Windows 8 的界面是专为触摸式控制而设计的，系统中增加了内置商店，以便用户寻找和下载新的软件。Windows 8 支持个人电脑及平板电脑 |
| Windows 10 | 2015 年 | 可应用于计算机和平板电脑。在易用性和安全性方面有了极大的提升，除了针对云服务、智能移动设备、自然人机交互等新技术进行融合外，还对固态硬盘、生物识别、高分辨率屏幕等硬件进行了优化完善与支持 |

**2. 操作系统的分类**

计算机的操作系统可以从以下 4 个角度分类。

（1）从用户角度分类，操作系统可以分为 3 种：单用户、单任务操作系统（如 DOS），单用户、多任务操作系统（如 Windows 9X），多用户、多任务操作系统（如 Windows 10）。

（2）从硬件规模的角度分类，操作系统可分为 4 种：微型机操作系统、小型机操作系统、中型机操作系统和大型机操作系统。

（3）从系统操作方式的角度分类，操作系统可分为 6 种：批处理操作系统、分时操作系统、实时操作系统、PC 操作系统、网络操作系统和分布式操作系统。

### 2.2.4 Windows 10 基本操作

Windows 10 界面类似 Windows Phone 的界面，各类应用图标都以 Title 贴片的形式出现，在 Windows 10 中被称作磁贴，方便用户操作。下面对 Windows 10 的基本操作进行介绍。

**1. 启动与关机**

启动：打开电源后，根据用户的不同设置，可以直接登录到桌面完成启动。

关机：单击"开始"按钮，选择"关机"命令。

**2. Windows 10 桌面**

启动 Windows 10 后看到的界面称为"桌面（Desktop）"，即屏幕工作区，包括桌面图标、桌面背景、任务栏等组成元素，如图 2-8 所示。

1）图标

指桌面上排列的代表某一特定对象的图形符号，它由图形、说明文字两部分组成，具有直观、形象的特点。通过双击图标就可以打开相应的文档或运行相应的程序等。常见操作有桌面图标（如计算机、网络、回收站等）的创建和删除，设置快捷方式等。

2）任务栏

桌面底部长条形区域称为"任务栏"。任务栏可以分为"开始"菜单按钮、快速启动工具栏、窗口按钮任务栏、通知区域和显示桌面按钮等部分。

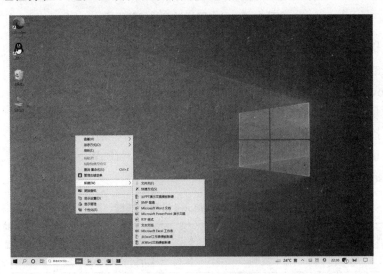

图 2-8　Windows 10 桌面

**3. Windows 10 控制面板**

控制面板是 Windows 的控制中心，它集桌面外观设置、硬件设置、用户账户以及程序管理等功能于一体，是控制计算机运行的一个重要窗口，因此用户在使用计算机的过程中经常需要接触控制面板。在 Windows 10 中可以通过以下两种方式打开控制面板窗口：双击桌面上"控制面板"图标，或者在"开始"菜单中选择"Windows 系统"→"控制面板"选项，允许用户查看和设置系统状态，比如添加/删除软件，控制用户账户，更改辅助功能选项，安装新的软件和硬件，改变屏幕颜色，改变软硬件的设置，还可以安装网络或更改网络设置等。

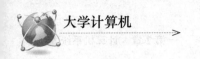

控制面板有"类别""大图标"和"小图标"3种查看方式。以大图标显示方式如图 2-9 所示。

图 2-9 以大图标显示的控制面板

通过搜索快速查找程序,可以在控制面板右上角的搜索框中,输入关键词(如"用户"),即可显示相应的搜索结果。

1)Windows 10 文件管理

文件管理是 Windows 操作系统中基本的操作,主要是文件和文件夹的基本操作,包括选定、新建、重命名、属性、移动与复制、删除与还原、隐藏与查找、共享、压缩等。操作过程中可以使用快捷键,在 Windows 操作系统中常用到的快捷键如表 2-3 所示。

共享文件或文件夹

表 2-3 Windows 常用快捷键

| 快捷键 | 作用 | 快捷键 | 作用 |
|---|---|---|---|
| Ctrl+C | 复制 | Ctrl+Alt+A | 截屏 |
| Ctrl+X | 剪切 | Ctrl+Shift | 切换输入法 |
| Ctrl+V | 粘贴 | Ctrl+Alt+Del | 启动任务管理器 |
| Ctrl+F | 查找 | Alt+Tab | 在打开的项目之间切换 |
| Ctrl+Z | 撤销 | Shift+Del | 永久删除 |
| Ctrl+S | 保存 | Shift+空格 | 半/全角切换 |

2)Windows 10 系统管理

系统管理内容非常丰富,包括账号管理、软硬件的安装管理、系统维护等。下面将对系统管理中经常使用或实用的功能设置进行详细介绍。

（1）设置账户登录密码：用户在使用计算机时，可以设置账户登录密码，防止他人在未经自己同意的情况下进入计算机，避免信息泄露或文件被篡改。设置账户登录密码的具体操作如下。

步骤 1：在控制面板中单击"用户账户"超链接。

步骤 2：打开"用户账户"窗口，单击"在电脑设置中更改我的账户信息"超链接，单击其他超链接，还可以更改账户名称、更改账户类型和管理其他账户等，如图 2-10 所示。

步骤 3：打开"设置"窗口，在左侧选择"登录选项"选项，在右侧单击展开"密码"选项，在展开的内容中单击"添加"按钮，如图 2-11 所示。

步骤 4：打开"创建密码"对话框，在"新密码"和"确认密码"文本框中输入相同的密码，在"密码提示"文本框中酌情填写信息，然后单击"下一步"按钮，如图 2-12 所示。

步骤 5：在打开的对话框中单击"完成"按钮，完成登录密码设置。此时，"设置"窗口中"密码"选项的"添加"按钮将显示为"更改"按钮，单击该按钮可更改密码。

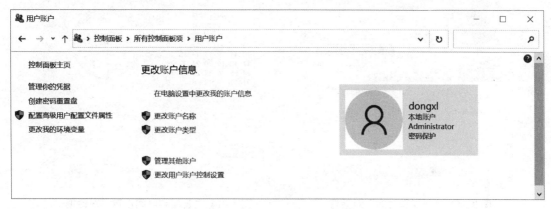

图 2-10　"用户账户"窗口

图 2-11　添加密码

图 2-12　"创建密码"对话框

（2）设置系统日期和时间：用户可以自定义系统日期和时间，也可以设置与系统所在区域互联网同步的时间，具体操作如下。

步骤 1：在控制面板中单击"日期和时间"超链接。

步骤 2：打开"日期和时间"对话框，如图 2–13 所示，切换到"日期和时间"选项卡，单击"更改日期和时间"按钮，在打开的"日期和时间设置"对话框中，可手动设置系统日期和时间，如图 2–14 所示。

步骤 3：在"时间和日期"对话框中切换到"Internet 时间"选项卡，单击"更改设置"按钮。

打开"Internet 时间设置"对话框，如图 2–15 所示，选中"与 Internet 时间服务器同步"复选框。

步骤 4：单击"立即更新"按钮，然后单击"确定"按钮即可。

图 2–13 "日期和时间"对话框

图 2–14 "日期和时间设置"对话框

图 2–15 "Internet 时间设置"对话框

（3）安装与卸载应用程序均可以通过控制面板中的"添加和删除程序"工具完成。具体操作如下。

① 要在计算机上安装应用程序，应先获取该程序的安装程序，其文件扩展名一般为".exe"。用户可以在网络中免费下载，也可以在线购买。准备好应用程序的安装程序后，便可以安装应用程序了。安装后的应用程序将会显示在"开始"菜单列表框中，部分应用程序

还会自动在桌面上创建快捷方式图标。

下面在计算机中安装搜狗拼音输入法，其具体操作如下。

步骤 1：打开搜狗拼音输入法所在文件夹，双击安装程序。

步骤 2：打开安装向导对话框，如图 2–16 所示，一般默认安装位置位于 C 盘（系统盘），单击"浏览"按钮，可在打开的对话框中自定义应用程序的安装位置。

步骤 3：选中"已阅读并接受用户协议"复选框。

步骤 4：单击"立即安装"按钮，系统开始安装搜狗拼音输入法，如图 2–17 所示，等待安装完成后，即可使用搜狗拼音输入法。

图 2–16　安装搜狗拼音输入法　　　　图 2–17　正在安装

② 卸载应用程序有两种方法，在"开始"菜单列表框中的应用程序选项上单击鼠标右键，在弹出的快捷菜单中选择"卸载"命令，然后在打开的对话框中根据提示进行操作。如果在该应用程序的快捷菜单中没有"卸载"命令，则需要通过控制面板卸载。其具体操作如下。

步骤 1：在控制面板中单击"程序和功能"超链接。

步骤 2：打开"卸载或更改程序"界面，选择需要卸载的应用程序，单击鼠标右键，在弹出的快捷菜单中选择"卸载/更改"命令，如图 2–18 所示。

步骤 3：在打开的对话框中根据提示进行操作即可卸载应用程序。

图 2–18　卸载应用程序

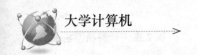

（4）安装与管理打印机：打印机是用户经常使用的设备之一，现在打印机与计算机之间的连接大都采用 USB 接口，因此打印基于计算机的连接很简单。要使用打印机，首先要在计算机中安装打印机的驱动程序，其安装方法与一般的应用程序相同，然后再连接打印机。

成功连接打印机后，在控制面板中单击"设备和打印机"超链接，打开"设备和打印机"窗口，如图 2-19 所示，在打印机选项上单击鼠标右键，在弹出的快捷菜单中选择相应命令可对打印机进行管理。

图 2-19 "设备和打印机"窗口

（5）清理磁盘：用户在使用计算机的过程中会产生一些垃圾文件和临时文件，这些文件会占用磁盘空间，让系统的运行速度变慢，因此需要定期清理磁盘。下面对 C 盘中已下载的程序文件和 Internet 临时文件进行清理，其具体操作如下。

步骤 1：在控制面板中单击"管理工具"超链接。在打开的"管理工具"窗口中，双击"磁盘清理"选项，或者在"开始"菜单中选择"Windows 管理工具"→"磁盘清理"命令，打开"磁盘清理：驱动器选择"对话框。

步骤 2：在对话框中选择需要进行清理的 C 盘，如图 2-20 所示，然后单击"确定"按钮。

步骤 3：在打开的"Windows（C：）的磁盘清理"对话框中，选中"要删除的文件"列表框中的"已下载的程序文件"和"Internet 临时文件"复选框，然后单击"确定"按钮，如图 2-21 所示。

步骤 4：在打开的对话框中单击"删除文件"按钮，系统将执行磁盘清理操作。

（6）整理磁盘碎片：若计算机使用太久，系统运行速度会变慢，其中有一部分原因是系统磁盘碎片太多，对磁盘碎片进行整理可以让系统运行更顺畅。整理磁盘碎片是指系统将碎片文件与文件夹的不同部分移动到卷上的相邻位置，使其在一个独立的连续空间中。下面将整理 C 盘中的碎片，其具体操作如下。

步骤 1：在控制面板中单击"管理工具"超链接。在打开的"管理工具"窗口中，双击"碎片整理和优化驱动器"选项，或者在"开始"菜单中选择"Windows 管理工具"→"碎片整理和优化驱动器"命令，打开"优化驱动器"对话框。

步骤2：选择要整理的 C 盘，单击"优化"按钮，开始对所选的磁盘进行碎片整理，如图 2-22 所示。此外，按住"Ctrl"键可以同时选择多个磁盘进行优化。

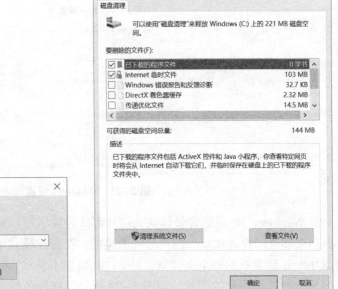

图 2-20　"磁盘清理：驱动器选择"对话框　　　　图 2-21　清理磁盘

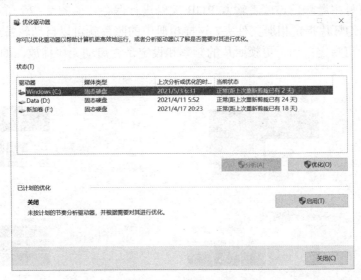

图 2-22　对 C 盘进行碎片整理

### 2.2.5　案例应用：个性化设置

Windows 10 系统的性能越来越好，用户越来越多，可以个性化设置系统界面，Windows 10 系统界面的个性化设置被集成到"个性化"窗口中。这是微软对 Windows 10 界面设置重

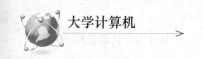

新归类的结果。随心设置出自己喜爱的个性化桌面样式的具体操作步骤如下。

（1）系统个性化设置可通过选择"开始"→"设置"命令进入，还可以通过在 Windows 10 桌面空白处单击"个性化"图标进入，如图 2-23 所示。

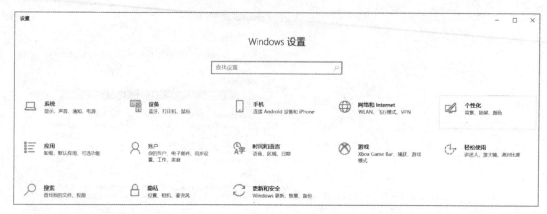

图 2-23　Windows 设置

（2）Windows 10 桌面背景默认为图片形式。除了可以使用单一图片外，还可以选择采用"纯色"和"幻灯片放映"两种方式的桌面。在图片模式下，可在中间显示的几张小图中选择其中一张你喜欢的做桌面背景。如果这几张你不喜欢，可以单击小图下的"浏览"按钮，到电脑里选择其他保存的图片，如图 2-24 所示。在纯色模式下，系统桌面以用户选择的纯色背景来显示，如图 2-25 所示，如果对以上两种颜色选择都不满意，也可以自定义颜色，通过自定义设置好主题颜色，或者输入 RGB 编号进行保存，如图 2-26 所示。而幻灯片放映模式下，要为幻灯片指定相册文件夹，这样相册中的照片就可以自动轮番出现在桌面背景中。桌面幻灯片可指定自动、更换照片的频率和设定是否启动无序播放，如图 2-27 所示。

图 2-24　"图片"背景设置

图 2-25　"纯色"背景设置

Windows 10 桌面背景设置还有一个独特的功用：如果将背景图片的"契合度"设置为"跨区"之后，如图 2-28 所示，如果电脑连接了多台显示器，那么桌面照片会跨显示器显示，为宽幅场景图片的多显示器联合拼接显示提供了更广阔的展示空间。因为电脑中保存的图片并不全是按电脑显示屏大小定制的，其中有大也有小，放到桌面上做背景有时难免不大好看，这时，我们选择其中一种最适合的展示图片的模式就可以了。

以上只是对电脑桌面背景方面的一些个性化设置，其实，我们还可以对电脑的其他方面进行个性化设置，比如颜色、锁屏界面、主题和开始菜单。此处不再一一介绍，同学们可以自行尝试。

图 2-26　自定义背景颜色　　　图 2-27　"幻灯片放映"背景设置　　　图 2-28　契合度设置

 思考

1. 小明初入大学，因学习需要，欲购买一台笔记本电脑，现需要对比不同品牌的三款笔记本电脑性能，请结合需求，给出选购方式及购置方案。

2. 小张同学刚从京东上新购买了一台华为笔记本电脑，电脑里已经安装了 Windows 10 操作系统，但无其他软件，请结合需求，描述相关软件下载及安装方法，并对电脑进行个性化设置。

# 第3章 文字处理软件

- 了解 Word 2016 的主要功能，熟悉 Word 2016 文档的新建、打开、保存、关闭等基本操作。
- 掌握文档的编辑功能，掌握文档的格式化操作。
- 掌握在 Word 2016 中表格的制作。
- 掌握页眉、页脚、页码和目录设置方法，能够进行图文混排。
- 能利用 Word 2016 的各种功能制作出丰富多彩的精美文档。

Word 2016 是微软公司开发的一个文字处理软件。作为 Office 套件的核心程序，Word 提供了许多易于使用的文档创建工具，同时也提供了丰富的功能集为创建复杂的文档使用。Word 2016 比之前版本新增了打开并编辑 PDF 功能，能快速放入并观看联机视频而不离开文档，以及在任意屏幕上使用阅读模式观看而不受干扰。本章介绍了文档的各种基本操作，重点介绍了利用 Word 各种功能对文档进行格式化，添加各种对象最终实现图文混排，并且通过案例应用实现对本章的知识点进一步巩固消化。

## 3.1 文档的基本操作

### 3.1.1 文档的相关操作

**1. 新建文档**

在 Word 2016 中有两种方法新建文档，分别是直接创建空白文档和使用模板创建文档。

1）直接创建空白文档

在 Word 2016 窗口中单击"文件"菜单中的"新建"命令，在右侧主页板块中单击"空白文档"选项，并单击"创建"命令，系统会创建一个空白文档。

2）使用模板创建文档

打开 Word 2016 窗口，单击"文件"菜单中的"新建"命令，在新建的下面会自动联机，列出各种模板，直接单击需要的模板（如"简洁清晰的简历"），并单击"创建"命令，然后在新建的"简洁清晰的简历"文档中，单击需要修改的项目，直接输入用户的实际内容即可。

用户还可以在搜索栏中输入关键字搜索想要的模板，用这种方法可以快速创建自己想要的文档，如图 3-1 所示。

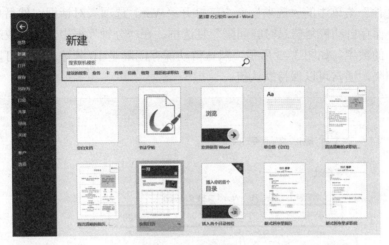

图 3-1 新建文档

**2. 保存文档**

用户所输入的文档如果没有保存，则仅存放在内存中并显示在屏幕上。为了保存文档，以备今后使用，需要对输入的文档给定文件名并存盘保存。有以下三种方式可保存文档。

1）保存新建文档

常用以下三种保存新建文件的方法：

（1）单击快速访问工具栏上的"保存"按钮。

（2）单击"文件"→"保存"菜单命令。

（3）按组合键"Ctrl"+"S"。

2）另存为文档

当用户编辑完一份重要的文件时，可以根据上面的方法直接保存该文档。但是当用户希望保留一份文档修改前的副本时，用户可以选择"另存为"命令。操作方法是单击"文件"菜单，然后选择"另存为"命令，在右侧列表选择"浏览"按钮，打开"另存为"对话框。在另存文件时，可以将当前文档保存为如图 3-2 所示的几种格式。

图 3-2 另存为的几种格式

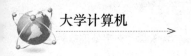

3）自动保存文档

单击"文件"菜单中的"选项"命令，打开"Word 选项"对话框，然后单击"保存"命令，选中"保存自动恢复信息时间间隔"复选框。在"分钟"框中，键入或选择用于确定文件保存频率的数字。如图 3-3 所示，默认自动保存间隔是 10 分钟。用户可以根据情况调整自动保存间隔，通常可以保持默认值。

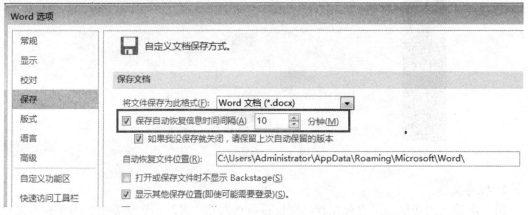

图 3-3　文档自动保存设置

**3. 退出文档**

退出 Word 文档常用以下四种方法：

（1）单击 Word 2016 窗口右上角的"×"按钮。

（2）右击标题栏，在弹出的快捷菜单中选择"关闭"命令。

（3）单击 Word 2016 的图标，在菜单中选择"关闭"命令。

（4）单击"文件"选项卡，在弹出的菜单中选择"退出"命令。

**4. 打开文档**

打开一个已经编辑好的 Word 文档，可以有以下三种方法：

（1）找到文档名，直接双击文档。

（2）右键单击文档名，从下拉列表中选择"打开"命令。

（3）启动 Word 2016 应用程序，单击"文件"选项卡，选择"打开"命令，可以从右侧列表选择"最近"选项，直接打开最近编辑过的文档，也可以选择"浏览"命令，弹出打开对话框，从对话框中找到要打开的文档。

### 3.1.2　文档的加密

用户在编辑文档的时候，如果所编辑的文档非常重要，不想让别人随便查看编辑，可以对所编辑的文档进行加密，这样只有在打开文件时需要输入密码才能正常打开。对文档加密的方法是：打开文件，单击"文件"选项卡下的"信息"功能，单击"保护文档"小三角，从下拉列表中选择"用密码进行加密"，在弹出的对话框中输入密码，确定即可。如图 3-4 所示。

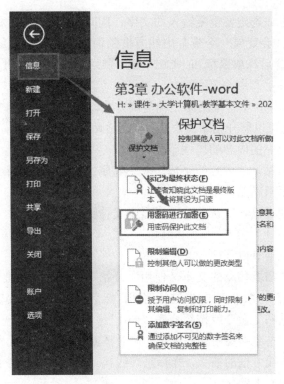

图 3-4　加密文档

### 3.1.3　文本的输入与编辑

**1. 文本的输入**

在输入文本时，首先须将鼠标光标定位到输入的位置。定位光标的方法是：将鼠标指针移至文档编辑区中，当其变为"I"形状后，在需要编辑的位置单击鼠标左键，将鼠标指针定位好后，切换到所需的输入法状态，在插入点处就可以输入文本了。

**2. 文本的编辑**

当选定了文本后，就可对其进行删除、复制、移动等编辑操作。

1）删除文本

在文档的输入过程中免不了会出现错误的操作，有时必须通过删除文档中的文字来修正错误。具体删除方法是：首先选定要删除的内容，然后选择下面一种方法进行删除。

（1）按"Backspace"键或按"Delete"键。

（2）在"剪贴板"窗格中，单击"剪切"按钮。

（3）按组合键"Ctrl"+"X"。

2）复制文本

（1）菜单命令法。先选定要重复输入的文字，使用"开始"选项卡或右键快捷菜单中的"复制"命令或按组合键"Ctrl"+"C"对文字进行复制；然后将光标置于要输入文本的地方，使用右键快捷菜单中的"粘贴"命令或按组合键"Ctrl"+"V"可以实现粘贴，这样可以免去很多输入的麻烦。

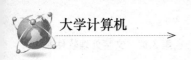

（2）鼠标拖动法。先选定要重复输入的文字，同时按"Ctrl"键和鼠标左键，拖动鼠标指针。此时，鼠标指针会变成一个带有虚线方框的箭头，光标呈虚线状。当光标移动到了要插入复制文本的位置后释放鼠标和"Ctrl"键，就可以实现文本的复制；还可以利用"剪贴板"功能实现。

（3）在 Word 2016 中，不管采用哪一种复制方法，都会在粘贴的文本后面出现一个粘贴选项按钮，单击该按钮可以展开粘贴命令菜单。在粘贴命令菜单中，有四种方式供大家选择：

保留源格式：所粘贴的内容的属性不会改变；

匹配目标格式：所粘贴的内容的字体、大小等属性和目标一样；

仅保留文本：表示只粘贴文本内容；

设置默认粘贴：通过设置默认粘贴可以自定义粘贴方式。

3）移动文本

文本移动的方法主要有以下两种。

（1）常规法。选择需要移动的文本，使用"开始"选项卡或右键快捷菜单中的"剪切"命令或按组合键"Ctrl"+"X"对文字进行剪切；然后将光标置于要输入文本的地方，使用右键快捷菜单中的"粘贴"命令或按组合键"Ctrl"+"V"可以实现粘贴。

（2）鼠标拖动法。先选中要移动的文字，同时按鼠标左键，拖动鼠标指针。此时，鼠标指针会变成一个带有虚线方框的箭头，光标呈虚线状。当光标移动到了要插入文本的位置后释放鼠标，就可以实现文本的移动。

**3. 特殊文本的输入**

1）输入符号

选择"插入"选项卡，单击"符号"组中的"符号"按钮，打开如图 3-5 所示的下拉列表，然后浏览并选择所需的符号。

图 3-5 输入符号

2）插入编号

选择"插入"选项卡，单击"符号"组中的"编号"按钮，打开如图 3-6 所示的对话框，然后浏览并选择所需的编号类型。

3）插入日期和时间

单击"插入"命令标签下的"日期和时间"按钮 日期和时间，打开如图 3-7 所示对话框，然后浏览并选择所需的日期和时间格式。

图 3-6 插入数字编号

图 3-7 插入日期和时间

### 3.1.4 案例应用：制作会议通知

**1. 案例描述**

李想是铁路公司某部门的办公室文员，春运将至，为了确保铁路春运工作顺利进行，现要发布一则会议通知，召集相关人员开会，布置相关事项。

制作会议通知

**2. 案例实施**

李想需要制作两个文档，一个发布在公司网站，一个有详细会议内容的另做备份发送给部门领导。要求将两个会议文档存档。如图 3-8、图 3-9 所示。

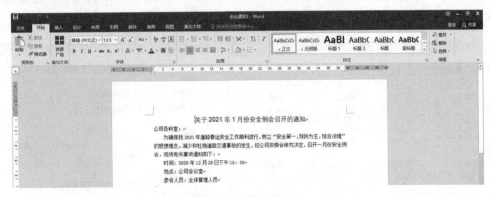

图 3-8 会议通知 1

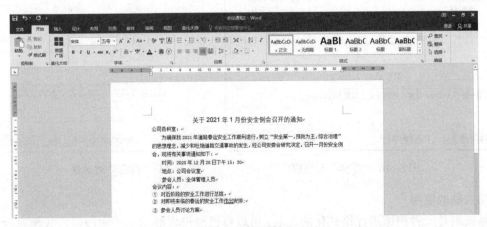

图 3-9 会议通知 2

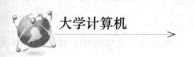

# 3.2 文档的格式与美化

## 3.2.1 字符格式设置

字体设置主要指对文本进行字体、字号、字形、颜色、下划线及其上下标、字符间距等的设置。用户可以根据需要有选择地进行设置。对字体进行设置可以使用"字体"组进行常规的设置，如果想进行详细设置可以通过"开始"选项卡的"字体"组打开"字体"对话框进行设置，如图3–10所示。

在字体对话框的"高级"选项卡下还可以设置字符间距。

## 3.2.2 段落格式设置

段落格式化主要包括段落缩进、文本对齐方式、行间距及段间间距、边框和底纹等格式设置。段落格式化操作只对插入点或所选定文本所在的段落起作用。

设置段落格式，可以使用"段落"对话框和"段落"组两种方法。其中使用"段落"组则可对段落格式进行简捷和快速的设置；而使用"段落"对话框可以对段落格式进行详细和细致的设置，如图3–11所示。

图3–10 "字体"对话框

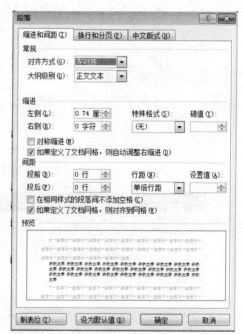

图3–11 "段落"对话框

格式刷的使用

格式刷是一种快速进行格式化的工具，可以将已经设置好的字体和段落格式快速应用到未设置好的文本中，格式刷使用方法如下：

一次使用：将光标定位到已经设置好的文本中间，单击格式刷一次，然后鼠标会变成刷子样式，拖动鼠标，刷过的文本就会自动变成设置好文本的格式。

多次使用：如果想多次使用格式刷，可以将光标定位到已经设置好的文本中，然后双击格式刷，拖动鼠标，刷要进行格式化的文本，操作结束后，可以单击格式刷或者按"Esc"键取消格式刷状态。

### 3.2.3　对象设置

在 Word 2016 中除了可以对文本进行编辑，还可以插入各种对象。比如插入图片、文本框、自选图形、艺术字、表格等，实现图文混排。

**1. 插入图片**

1）插入联机图片

Word 2016 提供了插入联机的图片，用户可以搜索自己想要的图片类型，然后选中，并插入文档中。

（1）将光标定位到要插入图片的位置。

（2）单击"插入"选项卡下"插图"组中的"联机图片"命令，系统会打开"插入图片"对话框，如图 3-12 所示。在搜索框中输入图片关键字，比如"运动""风景"等，在弹出的对话框中可以进一步选择"尺寸""类型""颜色"等，进行更精确的选择。

（3）在"插入剪贴画"任务窗格上方的"搜索文字"文本框中，输入剪贴画的关键字，例如"科技"或"cat"等，然后单击"搜索"按钮，在"结果"下拉列表框中将显示主题中包含该关键字的剪贴画。单击所需的剪贴画就可以把剪贴画插入文档中。

图 3-12　"联机图片"对话框

2）插入图片

在 Word 2016 中，用户可把自己保存的图片文件（如从网上、内存卡上或扫描仪中得到的图片）插入 Word 中。插入图片的类型可以是.bmp、.jpg、.gif 和.wmf 等。

（1）将光标定位到要插入图片的位置。

（2）选择"插入"选项卡下"插图"组中的"图片"命令，系统会打开"插入图片"对话框。

（3）在"插入图片"对话框中选择图片保存的位置、名称，单击"插入"按钮即可。

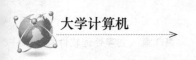

注：Word 2016 允许同时插入多张图片，在插入图片对话框里按住"Ctrl"键选择多张不连续的图片或按"Shift"键选择多张连续的图片，然后单击"插入"按钮即可。利用"Ctrl"键可一次插入两张不相邻的图片。如图 3-13 所示。

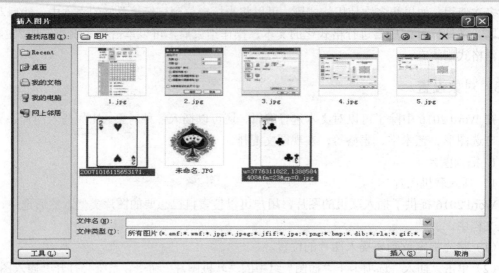

图 3-13　选择图片对话框

3）利用剪贴板插入图片

用户可以利用剪贴板来剪切或复制其他应用程序制作的图片，然后粘贴到文档的指定位置。

4）屏幕截图

利用屏幕截图功能可以捕获在计算机上打开的全部或部分窗口的图片。

（1）将光标定位到要插入屏幕截图的位置。

（2）选择"插入"选项卡下"插图"组中的"屏幕截图"右边的下拉箭头，在可视窗口中选择需要屏幕截图的窗口。

（3）这样计算机上的活动窗口就可以作为图片的形式插入 Word 文档中。

注：Word 2016 一次只能添加一个屏幕截图。若要添加多个屏幕截图，需进行多次屏幕截图。

**2. 设置图片格式**

插入了图片之后，还可以对它进行格式设置，如设置文字环绕、缩放、剪裁、添加填充色和边框等。

1）设置图片"文字环绕"方式

"文字环绕"主要指图片和图片周围的文字分布情况。在 Word 2016 中，刚插入的图片为嵌入式，即不能在其周围环绕文字。要在图片的周围环绕文字，必须设置环绕方式，操作步骤如下：

（1）单击要设置格式的图片，此时在图片的边框上会出现 8 个控点，系统同时显示图片工具中的"格式"选项卡。

（2）单击"格式"选项卡，下面会出现对应的功能区，单击"排列"组里的"环绕文字"

下的下拉箭头，选择需要的环绕文字方式，如图 3–14 所示。

2）裁剪图片

当只需图片其中一部分时，可以把多余部分隐藏起来，方法如下：

选定要修改的图片，单击"格式"选项卡下"大小"组里的"裁剪"按钮 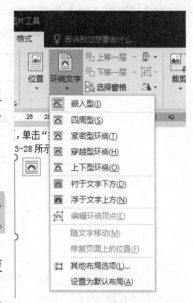，鼠标会变成 ，按住鼠标左键向图片内部拖动任意尺寸控点，即可裁剪掉多余的部分。

如果要对图片进行精确裁剪，可通过"设置图片格式"对话框的"图片"选项卡来进行设置。

注：裁剪掉的图片只是被隐藏起来了，要恢复裁剪图片，在图片控点上使用"裁剪"按钮向外拖动，就可能恢复图片。

3）设置图片大小

在对图片进行编辑时，如果用户希望对图片尺寸进行更细致的设置，可以利用"大小"对话框进行设置。

选定要编辑的图片，单击"格式"选项卡下"大小"组右下角的箭头，在弹出的"设置图片大小"对话框中进行设置；也可以通过右击图片，选择"大小和位置"命令，在弹出的"布局"对话框中进行设置，如图 3–15 所示。

图 3–14 图片的环绕文字方式

注：选中"锁定纵横比"复选框可以保证图片比例不会变化。

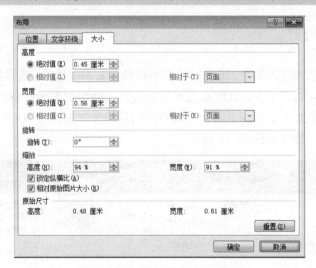

图 3–15 图片"布局"对话框

**3. 艺术字**

利用 Word 2016 的艺术字功能，可以方便地为文字建立艺术效果，如旋转、变形、添加修饰等。艺术字默认插入形式是嵌入式。

1）插入艺术字

（1）将光标定位到要插入艺术字的位置。

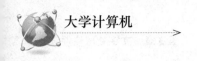

（2）选择"插入"选项卡下"文本"组中的"插入艺术字"下面的下拉箭头，可以从弹出的艺术字样式里选择合适的艺术字样式，如图3-16所示。

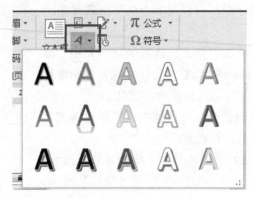

图3-16 艺术字样式

（3）在弹出的"编辑'艺术字'文字"对话框中（见图3-17），输入要插入的艺术字的内容并设置好字体、字号，然后单击"确定"按钮即可。

图3-17 "编辑艺术字"对话框

2）编辑艺术字

如果对插入的艺术字不满意，可编辑艺术字和设置艺术字效果。编辑艺术字的方法如下：

单击要设置格式的艺术字，此时在艺术字的边框上会出现8个控点，系统同时显示"格式"菜单。单击"格式"菜单，下面会出现对应的功能区，如图3-18所示，可以按照需要对艺术字进行设置，效果如图3-19所示。

图3-18 绘图工具-格式功能区

大学计算机

图3-19 设置样式后的效果

#### 4. 文本框

文本框是一个可以独立处理的矩形区域。在文本框中可以对文字进行单独的格式设置，如设置文字大小、方向、段落格式等。通过文本框可以把文字放置在页面的任意位置，可以和其他图形产生环绕、组合等各种效果。

1）插入文本框

（1）选择"插入"选择卡下"文本"组中的"文本框"下面的下拉箭头，再从其级联菜单中选择"绘制文本框"或"绘制竖排文本框"命令，此时鼠标指针变成"十"字形。

（2）移动鼠标指针到合适位置，按下左键，再拖动鼠标以定出文本框的边界，当框大小适合时释放鼠标左键，即可生成一个空的文本框。

（3）插入文本框后，就可以把插入点移入文本框内，再往框内加入文本和图形等内容。

2）利用模板插入文本框

将光标定位到要插入文本框的位置，选择"插入"选项卡下"文本"组中的"艺术字"下面的下拉箭头，再从其级联菜单中选择合适的文本框模板，选定样式的文本框会被插入到插入点的位置，然后可以对里面的文本等内容进行编辑。

3）文本框的基本操作

文本框插入后。可以根据需要对其进行编辑。

（1）选定文本框：单击文本框，文本框将会被选中。选定状态下的文本框周围会出现虚线框和 8 个控点。在这种状态下可以对文本框进行缩放、移动、复制和删除操作（操作方法与图片操作类似）。

（2）编辑文本框：编辑状态下，文本框周围会出现虚线框和 8 个控点，在框内还有一个插入点在这种状态下，可以对文本框的内容进行编辑。

（3）设置文本框格式：对文本框还可以进行边框、阴影等艺术效果的设置，具体方法如下：单击要设置格式的文本框，此时在文本框的边框上会出现 8 个控点，系统同时显示"格式"选项卡。单击"格式"选项卡，下面会出现对应的功能区，如图 3–20、图 3–21 所示，可以按照需要对文本框进行设置。

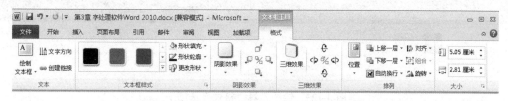

图 3–20　文本框"格式"选项卡

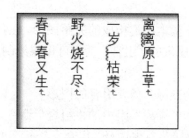

图 3–21　设置了阴影和竖排文本的效果

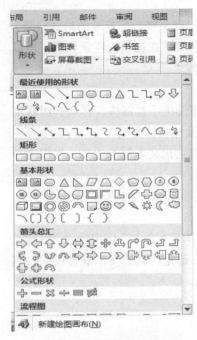

图 3-22 形状样式

**5. 自绘图形**

在 Word 2016 中不仅可以插入图片，还可以自己绘制一些图形，如流程图、结构图等。利用自绘图形功能可以画出直线、矩形、椭圆、柱形等多种多样的基本图形，还可以由基本的图形组合成一幅图画。

1）自绘图形

自绘图形一共包括线条、基本形状、箭头总汇、流程图、标注、星与旗帜六大类。

（1）将光标定位到要绘制图形的位置。

（2）选择"插入"选项卡下"插图"组中的"形状"下面的下拉箭头，可以从弹出的自绘图形样式里选择需要的形状，如图 3-22 所示，此时鼠标指针变成"十"字形。

（3）移动鼠标指针到合适位置，按下左键，再拖动鼠标以定出自绘图形的边界，当图形大小合适时释放鼠标左键，即可生成自绘图形。

2）添加文字

自选图形绘制好后，可以在其中添加文字。添加文字的方法是：鼠标右击自选图形，选择"添加文字"命令，此时自选图形相当于一个文本框，可以在其中输入文字。

3）编辑自绘图形

如果对自绘的图形不满意，还可以对图形进行修改、编辑。

单击要设置格式的图形，此时在图形的边框上会出现 8 个控点，系统同时显示"绘图工具"菜单下的"格式"选项卡。单击"格式"选项卡，下面会出现对应的功能区，如图 3-23 所示，可以按照需要对自绘图形进行设置。

图 3-23　绘图工具"格式"选项卡

4）组合与取消组合

如果用户绘制了一个由若干基本图形构成的完整图形，在移动这个图形时往往会使这些图形发生移动错位，Word 2016 提供的"组合"功能可以将绘制的多个图形组合成一个图形。

组合图形的方法如下：

（1）按住"Shift"键依次单击每个需要组合的图形。

（2）单击"格式"选项卡下"排列"组中的"组合"命令，如图 3-24 所示，或者右击任意一个图形的尺寸控点，从快捷菜单中选择"组合"命令，再从其级联菜单中选择"组合"

命令，就可以将所有选中的图形组合成一个图形。组合后的图形可以作为一个图形对象进行处理。应当注意的是，只有浮动式对象才能进行组合。图 3-25 是由矩形框和三角形组合成的图形效果图。

"取消组合"的操作方法如下：

右击要取消组合的图形，在弹出的快捷菜单中选择"组合"命令，从其级联菜单中选择"取消组合"命令即可。

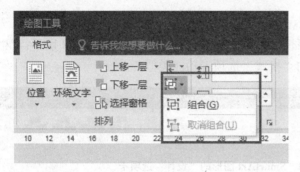

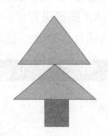

图 3-24 组合图形　　　　　　　图 3-25 组合成的图形

**6. SmartArt 图形的插入和设置**

SmartArt 图形是信息和观点的视觉表示形式。可以通过从 Word 2016 中自带的多种不同布局中进行选择来创建 SmartArt 图形，从而快速、轻松、有效地传达信息。插入 SmartArt 图形方法如下：

（1）定位好要插入图形的光标位置，在"插入"选项卡下"插图"功能组中单击"SmartArt"按钮。

（2）在打开的"选择 SmartArt 图形"对话框中（见图 3-26），单击左侧的类别名称选择合适的类别，然后在对话框右侧单击选择需要的 SmartArt 图形，并单击"确定"按钮。

（3）返回 Word 2016 文档窗口，在插入的 SmartArt 图形中单击文本占位符输入合适的文字即可。如图 3-27 所示为一个制作好的"组织结构图"图形。

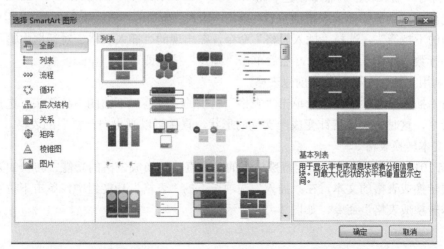

图 3-26 "选择 SmartArt 图形"对话框

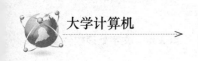

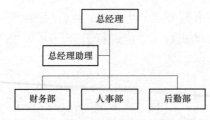

图 3-27 企业的"组织结构图"效果

SmartArt 图形做好之后，选中，会出现"设计"和"格式"选项卡。"设计"选项卡可以对 SmartArt 图形进行"创建图形""布局""样式"等操作，如图 3-28 所示；"格式"选项卡功能与图片、形状、艺术字的"格式"选项卡功能类似。

图 3-28 SmartArt 图形的"设计"选项卡

### 3.2.4 表格设置

在 Word 文档中除了插入图片等对象外还可以插入表格，并可以对表格进行相关的设置，也可以利用表格实现数据的简单处理。

**1. 插入表格**

1）使用"插入表格"按钮创建表格

将光标定位到需要插入表格的位置，单击"插入"选项卡，然后单击"表格"组里的"表格"下面的下拉箭头，用鼠标在"插入表格"按钮▦上拖动，选择表格的大小。当网格底部显示出所需的行列数后，松开鼠标左键即可，如图 3-29 所示。

注：利用此种方法最多能创建出 8 行 10 列的表格。

2）利用"插入表格"命令创建表格

将光标定位到需要插入表格的位置，单击"插入"选项卡，然后单击"表格"组里的"表格"下面的下拉箭头，选择"插入表格"命令，在出现的"插入表格"对话框中输入表格所需列数和行数，如图 3-30 所示，然后单击"确定"按钮即可。

3）利用"绘制表格"命令创建表格

单击"插入"选项卡，然后单击"表格"组里的"表格"下面的下拉箭头，选择"绘制表格"命令，这时的鼠标指针变成一支笔的形状，直接可以画出自己需要的表格。

4）文本转换表格

Word 2016 提供了将具有一定特殊格式的文本直接转换成表格的功能，转换的方法是首先选中要转换成表格的文本，在"插入"选项卡下的"表格"功能组中，单击下拉箭头，选择"文本转换成表格"命令，如图 3-31 所示。

图 3-29　使用"插入表格"按钮

图 3-30　"插入表格"对话框

图 3-31　选择"文本转换成
表格"命令

**2. 编辑表格**

表格的编辑主要包括：行列的插入、删除、合并、拆分、行高和列宽的调整等。

1）表格的选定

（1）单元格的选定。

① 单个单元格的选定：将鼠标指针移到单元格左侧，鼠标指针变为↗状时单击选定该单元格，或者单击"布局"选项卡下"表"组里的"选择"右侧的下拉箭头，选择"选择单元格"命令，选定鼠标光标所在的单元格。

② 多个连续单元格的选定：将鼠标指针移动到单元格左侧，鼠标指针变为↗状时拖动鼠标，选定多个相邻单元格，或者选定第一个单元格后按下"Shift"键，单击最后一个单元格，可以选定多个连续的单元格。

③ 多个不连续单元格的选定：将鼠标指针移到单元格左侧，鼠标指针变为↗状时单击选定该单元格，按下"Ctrl"键继续选定其他单元格，可以选择多个不连续的单元格。

（2）行（列）的选定。

① 单行（列）的选定：将鼠标指针移动到表格左侧（上方），鼠标指针变为↗状（↓）时单击选定相应行（列），或者单击"布局"选项卡下"表"组里的"选择"右侧的下拉箭头，选择"选择行"或"选择列"命令，以选定光标所在的行（列）。

② 连续多行（列）的选定：将鼠标指针移动到表格左侧（上方），鼠标指针变为↗状（↓）时拖动鼠标，可以选定多行（列），或者选定第一个行（列）后按下"Shift"键，单击需要选定的最后一行（列），可以选定连续的多行（列）。

③ 不连续多行（列）的选定：选定需要选择的第一行（列）后，按下"Ctrl"键，鼠标指针变为↗状（↓）时单击其他不相邻的行（列），可选定多行不相邻的行（列）。

（3）整表的选定。

① 当鼠标指针移向表格内，在表格外的左上角会出现⊞按钮，此按钮是"表格全选"按钮，单击它可以选定整个表格。

② 将光标放在表格的任一单元格内，单击"布局"选项卡下"表"组里的"选择"右侧的下拉箭头，选择"选择表格"命令，可以选定整个表格。

③ 将光标定位在表格的第一行第一列的单元格内，拖动鼠标到表格的最后一个单元格，可选定整个表格。

2）表格、单元格的合并与拆分

（1）合并单元格。

① 选定要合并的单元格区域，选择"布局"选项卡下的"合并单元格"命令，所选定的单元格区域就合并成一个单元格了。

② 选定要合并的单元格区域，右击该区域，选择"合并单元格"菜单命令，所选定的单元格区域就合并成一个单元格。

注：合并单元格后，单元格区域中各单元格的内容也合并到一个单元格中，原来每个单元格中的内容占据一段。

（2）拆分单元格。

① 选定要拆分的单元格或单元格区域，选择"布局"选项卡下"合并"组里的"拆分单元格"命令，系统弹出如图 3-32 所示的"拆分单元格"对话框，根据需要设置需要拆分的行数和列数，然后按"确定"按钮完成单元格的拆分。

② 右击单元格，选择"拆分单元格"菜单命令，在弹出的"拆分单元格"对话框中进行相应的拆分设置。

（3）拆分表格。

将光标定位到要拆开作为第二个表格的第一行中的任一单元格内，选择"布局"选项卡下的"拆分表格"命令或按组合键"Ctrl" + "Shift" + "Enter"，表格中间会自动插入一个空白行，表格也就被拆成两个表格了。

3）单元格、行、列的插入

在表格的编辑过程中，经常需要增加一些内容，如插入整行、整列或单元格等，具体方法如下。

（1）单元格的插入。

将光标移动到某单元格内，右击选择"插入"菜单中的"插入单元格"命令，在弹出的"插入单元格"对话框中进行设置后单击"确定"按钮即可，如图 3-33 所示。

图 3-32 "拆分单元格"对话框

图 3-33 "插入单元格"对话框

（2）行（列）的插入。

① 将鼠标光标移动到表格的最后一个单元格，按 Tab 键，在表格的末尾插入一行。

② 将鼠标光标移动到表格某行尾的段落分隔符上，按"Enter"键，在该行下方插入一行。

③ 将鼠标光标移动到表格的任一行（列）内，在"布局"选项卡下"行和列"功能区

选择"在上方插入"或"在下方插入"（"在左侧插入"或"在右侧插入"）按钮，可以在当前行上方或下方插入一行，如果选定了若干行（列），则执行上述操作时，插入的行（列）数与所选定的行数相同。

④ 将鼠标光标移动到表格的任一行（列）内，右击选择"插入"菜单下的"在上方插入行"或"在下方插入行"（在左侧或在右侧插入列）命令，可以在当前行上方或下方插入一行（左侧或右侧插入一列），如果选定了若干行（列），则执行上述操作时，插入的行（列）数与所选定的行数相同。

4）行、列的删除

在表格的编辑过程中，如果需要删除一些内容，可以对表格、表格的行/列或单元格进行删除，具体方法如下。

（1）整表删除。

① 将光标放到要删除表格内的任一单元格，单击"布局"选项卡下"删除"组下面的下拉箭头，选择"删除表格"命令，则可删除鼠标光标所在的表格。

② 选定要删除表格后，按"Backspace"键。

③ 选定要删除表格后，右击表格，选择"剪切"命令或者按组合键"Ctrl"＋"X"，或者选择"开始"选项卡下"剪切板"组里的"剪切"命令，也能将光标所在的表格删除。

（2）行（列）的删除。

① 选定要删除的行（列）后，将光标放在要删除行的任一单元格内，单击"布局"选项卡下"删除"组下面的下拉箭头，选择"删除行"（删除列）命令，可删除鼠标光标所在的行（列）。

② 选定一行（列）或多行（列）后，按"Backspace"键，删除这些行（列）。

③ 选定一行（列）或多行（列）后，右击，选择"剪切"命令，或者按组合键"Ctrl"＋"X"，或者选择"开始"选项卡下"剪切板"组里的"剪切"命令，可删除选定的行（列）。

（3）单元格的删除。

选定要删除的单元格，右击，选择"删除单元格"命令，或者单击"布局"选项卡的"删除"组下面的下拉箭头，选择"删除单元格"命令，在弹出的"删除单元格"对话框中进行设置后单击"确定"按钮即可，如图 3-34 所示。

注：删除表格中的行（列）与清除表格中的内容在操作方法上有所不同，如果选定某行或某列之后，再按"Delete"键只能清除行中的文本内容，而不能删除选定的行或列。

5）设置表格的行高、列宽

创建表格时，如果用户没有指定行高和列宽，Word 2016 则使用默认的行高和列宽，用户也可以根据需要对其进行调整。

（1）鼠标拖动：移动鼠标指针到某一行（列）的边框线上，这时鼠标指针变为 ↕ 状（↔），拖动鼠标即可调整该行行高（列宽）。

（2）使用标尺：将鼠标光标移动到表格内，拖动垂直标尺上的行标志（水平标尺上的列标志），也可以调整行高（列宽）。

（3）使用表格属性：选择要改变行高（列宽）的行（列），右击表格选择"表格属性"命令或者选择"布局"选项卡下"属性"选项，在系统弹出的"表格属性"对话框中选择"行"

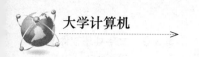

（"列"）选项卡，屏幕显示如图 3-35 所示，选中"指定高度"（指定列宽）复选框，使其被选上，再在"指定高度"（指定列宽）组合框中选择或键入一个所需行高值（列宽值）。

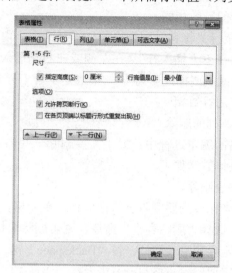

图 3-34 "删除单元格"对话框

图 3-35 "表格属性"对话框

（4）另外也可以选择"布局"选项卡下"单元格大小"组中的"高度"命令来设置行高。

6）表格位置、大小的调整

（1）设置表格位置。

将鼠标光标移动到表格内，表格的左上方会出现表格移动手柄 田，拖动它可以移动表格到不同的位置。

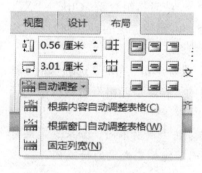

图 3-36 "自动调整"功能区

（2）设置表格大小。

① 将鼠标光标移动到表格内，表格的右下方会出现表格缩放手柄 □，拖动它可以改变整个表格的大小，同时保持行和高的比例不变。

② 自动调整表格大小：将光标放在表格内的任意单元格内，右击表格选择"自动调整"命令或者单击"布局"选项卡下"单元格大小"组里的"自动调整"命令进行相应的设置，如图 3-36 所示。

7）平均分布各行（列）

在对表格进行调整过程中，可能会出现各行（列）不均匀的情况，我们可以使用平均分布各行（列）功能，使不均匀的表格变得非常均匀、美观。具体方法如下：

选定要进行平均分布的多行（列），选择"布局"选项卡下"单元格大小"组里的"分布行"或"分布列"（平均分布各行（列））命令即可。

8）单元格内容对齐方式

在对表格内容进行排版时，要设置单元格内容的对齐方式，单元格内容的对齐方式共分为 9 种：靠上两端、靠上居中、靠上右对齐；中部两端、水平居中、中部右对齐；靠下两端、靠下居中、靠下右对齐。具体设置方法如下：

（1）选中要设置对齐方式的单元格（单元格区域），选择"布局"选项卡下"对齐方式"组里的相应的对齐方式。

（2）右击单元格，选择单元格对齐方式下相应的对齐方式，如图 3-37 所示。

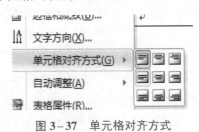

图 3-37 单元格对齐方式

### 3. 表格的格式化

为了让表格看起来美观，可以对表格进行格式化，格式化表格主要包括：表格边框和底纹的设置、单元格内容的格式化等。具体方法如下：

1）使用"表样式"快速格式化表格

为了加快表格的格式化速度，Word 2016 提供了"表样式"功能，可以快速格式化表格，具体方法如下：

单击要格式化表格中的任一单元格，选择"设计"选项卡下"表样式"功能区中的一种表格样式，这样表格就套用了选定的表格样式了。

注：Word 2016 提供了 100 多种表格样式，表格样式可以修改，也可以自己新建表格样式。

2）使用"表格属性"对话框格式化表格

使用"表格属性"对话框可以设置表格的边框和底纹、设置表格的对齐方式、表格的行高和列宽等。将光标定位在要格式化表格中的任一单元格，打开"表格属性"对话框，可以进行相应的设置，如图 3-38 所示。

图 3-38 "表格属性"对话框

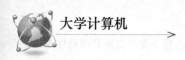

（1）表格对齐。

表格的对齐方式有：左对齐、居中和右对齐三种，可以使用"表格属性"对话框的"表格"选项卡设置。

（2）表格边框的设置。

① 选中表格或单元格，单击"设计"选项卡下"表样式"组中 边框 按钮右侧的下拉箭头可以进行相应边框的设置。

② 右击表格，选择"表格属性"菜单，在弹出的"表格属性"对话框里选择"边框和底纹"，在弹出"边框和底纹"对话框中选择"边框"选项卡，如图 3-39 所示。利用"边框和底纹"对话框可以设置表格边框的粗细、颜色、应用范围等。

③ 单击"设计"选项卡下"表样式"组中 边框 按钮右侧的下拉箭头，在打开的边框线列表中选择一种边框线，也可以设置表格或单元格相应的边框线有或无。

注：表格边框线的应用范围主要包括文字、段落、单元格、表格。

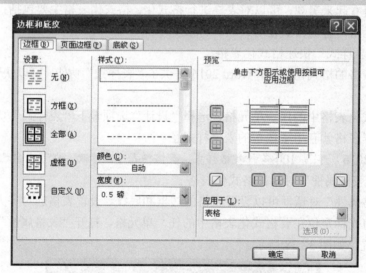

图 3-39 "边框和底纹"对话框

（3）底纹的设置。

① 选定表格或单元格，单击"设计"选项卡下"表样式"组中 底纹 按钮，打开"颜色"列表，可以进行以下操作：

从"颜色"列表中选择一种颜色，表格的底纹便设置为相应的颜色。选择"无颜色"命令，可取消表格底纹的设置。选择"其他颜色"命令，弹出"颜色"对话框，可以自定义一种颜色作为表格的底纹。

② 用"表格属性"对话框中的"底纹"选项卡设置表格底纹。

选定表格或单元格，打开"表格属性"对话框，选择"边框和底纹"下的"底纹"选项卡，如图 3-40 所示。利用"底纹"对话框可以设置表格底纹的颜色、图案和应用范围等。

利用"表格属性"对话框还可以设置表格与文字的环绕方式、行高、列宽、单元格的垂直对齐方式等。

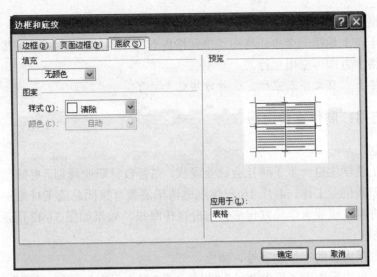

图 3-40　"边框和底纹"对话框

3）使用表格排版技巧格式化表格

（1）设置跨页表格标题。

如果一张表格需要在多页中跨页显示，就有必要设置标题行重复显示，因为这样会在每一页都明确显示表格中的每一列所代表的内容，使人一看就明白具体的内容。设置标题行重复显示的具体方法如下：

选中标题行（必须是表格的第一行），打开"表格属性"对话框，切换到"行"选项卡，然后进行设置，如图 3-41 所示。

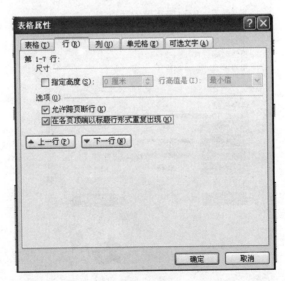

图 3-41　"表格属性"对话框

另外，也可以在"布局"选项卡下"数据"分组中单击"重复标题行"按钮来设置跨页表格标题行重复显示。

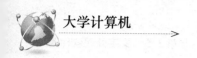
（2）在表格上方加空行。

将光标置于左上角第一个单元格中（单元格内有文字则放在文字前），然后按"Enter"键，这样在表格上方即可空出一行。

> 注：若表格上方有文字或空行，这种方法就无效了。

### 3.2.5 案例应用：制作宣传海报

制作宣传海报

**1. 案例描述**

某高校为了使学生进一步了解社会就业现状，完善自身职业规划，更好地推动学院的创新创业工作，4 月 16 日学院邀请华清教育集团总监王丹做创新创业专题讲座。现要求学院宣传部做一份宣传海报，效果如图 3-42 所示。

**2. 案例实施**

（1）调整海报内容的字体、字号、颜色。

（2）调整海报内容中的"报告题目""报告人""报告日期""报告时间""报告地点"信息的行距和对齐方式。

（3）在"讲座安排"段落下面，创建"活动安排表"，并调整行高和设置表格样式。

（4）在"讲座流程"段落下面，利用 SmartArt 图形制作本次活动的报名流程（学院报名、确认坐席、领取资料）。

（5）添加文件夹下的 Pic1.jpg 照片，将该照片调整到适当位置，并设置图片样式。

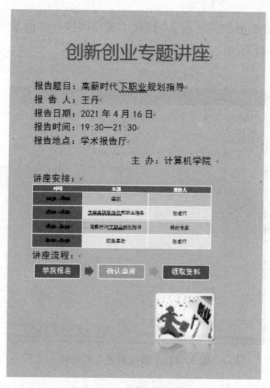

图 3-42 案例效果图

## 3.3　文档的排版与打印

### 3.3.1　文档排版

**1. 页眉和页脚的设置**

页眉和页脚是出现在每张打印页的上部（页眉）和底部（页脚）的文本或图形。通常页眉和页脚包含章节标题及页号等，也可以是用户录入的信息（包括图形）。一般书籍、论文和商业文书都会用到页眉和页脚来显示文章名称、书名和页码等。

1）插入页眉

用户也可以设置成首页打印一种页眉和页脚，而在所有其他页上打印不同的页眉和页脚，或者可以在奇数页上打印一种页眉或页脚，而在偶数页上打印另一种。

为文档插入页眉的操作步骤如下：

（1）将光标插入点置于要插入页眉的节中，如果整个文档没有分节，则将插入点放置在文档的任意位置。

（2）单击"插入"选项卡，在"页眉和页脚"组中，单击"页眉"按钮，下拉出一个选项列表，包括"内置""编辑页眉""删除页眉"等选项，如图 3–43 所示。

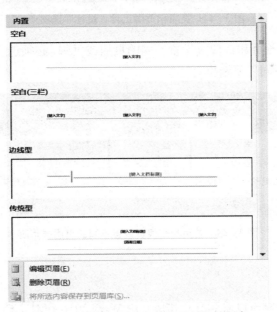

图 3–43　单击"页眉"按钮后的下拉列表

（3）在下拉列表的"内置"选项中，包括了多个内置的页眉格式模板。当选择其中一个内置的页眉模板，即进入页眉编辑区，并且打开了页眉和页脚工具"设计"选项卡，如图 3–43 所示，用户可以在设计功能区对页眉进行设计。

（4）创建完页眉后，单击页眉和页脚工具"设计"选项卡下的"关闭页眉和页脚"按钮，

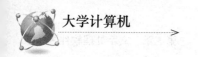

页眉即可在文档相应的位置显示出来。

在正文中，双击页眉区域任意地方，可以重新进入页眉编辑状态，对页眉进行编辑。

2）插入页脚

为文档插入页脚的操作步骤如下：

（1）将光标插入点置于要插入页脚的节中，如果整个文档没有分节，则将插入点放置在文档的任意位置。

（2）单击"插入"选项卡，在"页眉和页脚"组中，单击"页脚"按钮，下拉出一个选项列表，包括"内置""编辑页脚""删除页脚"等选项。

（3）在下拉列表的"内置"选项中，包括了多个内置的页脚格式模板。当选择其中一个内置的页脚模板，即进入页脚编辑区，并且打开了页眉和页脚工具"设计"选项卡，如图3-44所示，用户可以在设计功能区对页脚进行设计。

（4）创建完页脚后，单击页眉和页脚工具"设计"选项卡下的"关闭页眉和页脚"按钮，页脚即可在文档相应的位置显示出来。

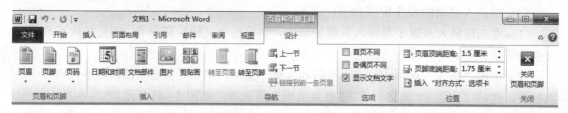

图3-44　页眉和页脚工具"设计"选项卡

小提示：如果要对首页和奇偶页设置不同的页眉或页脚，必须选中如图3-45所示的"首页不同"和"奇偶页不同"复选框。

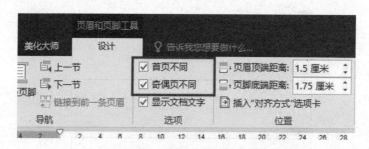

图3-45　首页和奇偶页设置不同的页眉或页脚

**2. 页面设置**

1）分栏

在报纸、杂志中经常可以看到分栏排版。用Word 2016在对文档分栏时，可以将整篇文档按统一的格式分栏，也可以为文档的不同段落创建不同的分栏格式。默认的是对整篇文档分栏，如果对文档的不同部分的段落分栏，首先应该选定分栏的段落。

（1）在"页面视图"方式下，选定要设置分栏的文本。

（2）选择"页面布局"选项卡，在"页面设置"组中，单击"分栏"下拉按钮，从下拉选项中可选择要分的栏数。

（3）在下拉选项中若选择"更多分栏"，可打开"分栏"对话框，如图 3-46 所示。在"列数"数字框中可以设置列数，最多可以是 11 栏，也可以在"预设"区域选择相应的分栏样式。如果选择的栏数多于一栏，也可以选中"栏宽相等"复选框，或是设置不同栏的宽度和间距，也可以设置是否插入分隔线等。另外，也可以设置分栏应用的文档范围是"所选文字"还是"整篇文档"。最后单击"确定"按钮，完成分栏。

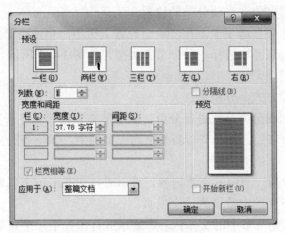

图 3-46　"分栏"对话框

若要取消文本的分栏，先选择"页面布局"选项卡，在"页面设置"组中，单击"分栏"下拉按钮，从下拉选项中可选择"一栏"即可。

2）分页

Word 2016 提供了两种分页功能，即自动分页和人工分页。在输入文本时，Word 2016 会按照页面设置中的参数，当文字填满一行时自动换行，填满一页后自动分页产生下一页，这就叫作自动分页。

（1）将光标插入点定位在需要分页的位置。

（2）选择"插入"选项卡，在"页"组中，单击"分页"按钮。在"页面视图"下可以看到在光标插入点的位置已经分成了两页；在"普通视图"下可以看到在光标插入点位置插入了一个分页符，会出现一条贯穿页面的分页符虚线。

（3）也可以选择"页面布局"选项卡，在"页面设置"组中，单击右上角的"分隔符"按钮，在下拉列表的"分页符"区域选择一种分页符类型，如图 3-47 所示，即可在光标插入点位置插入一个分页符，并显示出分页。

（4）也可以按"Ctrl"+"Enter"组合键开始新的一页。在普通视图下，选中分页符按"Delete"键可以删除该分页符。

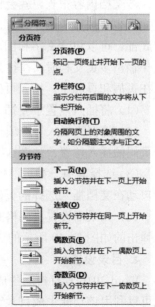

图 3-47　分页符和分节符列表

3）分节

为了便于对同一文档中的不同文本进行不同的格式化，

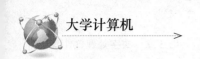

在 Word 2016 中一个文档可以分为多个"节","节"是文档格式化的基本单位，每一节都可以设置不同的格式，包括页眉和页脚、段落编号和重新设置页码等。在论文或书籍的编排过程中，有时需要对目录、正文、索引等部分分别编排页码，需要设置每一章都从奇数页开始，有时还需要对不同的章节使用不同的页眉等。这些都可以通过对文档划分成不同的节后方便地实现。划分节实际是在需要划分节的位置插入分节符。

（1）将光标插入点定位在需要分节的位置。

（2）选择"页面布局"选项卡，在"页面设置"组中，单击右上角的"分隔符"按钮，在下拉列表的"分节符"区域选择一种分节符类型，如图 3-47 所示，即可在光标插入点位置插入一个分节符。

分节符类型有四种方式，分别是：

（1）下一页：表示在分节符处进行分页，下一节文本内容从下一页开始。

（2）连续：表示分节后，前一节与新节在同一页面中，下一节的文本内容紧接上一节的节尾。

（3）偶数页：表示新一节中的文本内容，显示或打印在下一个偶数页开始。若该分节符已经在偶数页上，则下面的奇数页为一个空页。

（4）奇数页：表示新一节中的文本内容，显示或打印在下一个奇数页开始。若该分节符已经在奇数页上，则下面的偶数页为一个空页。

如果是为文档插入目录，则在插入目录之前，应在正文前插入一个"下一页"类型分节符。

如果是要删除插入的分节符，在"普通视图"找到分节符，选中该分节符，然后按"Delete"键即可删除该分节符。

**3. 页码设置**

若文档内容很长，就会包括很多页，设置页码后就能根据页码去查找具体页，打印的纸质文档也要按页码顺序装订。页眉和页脚是文档正文以外的信息，它们位于文档每页顶端或者底部，可以包含文字和图形。

输出多页文档时，往往需要插入页码，这样可以便于文档的查阅。页码可以根据需要放置在页眉和页脚中。插入页码的具体操作步骤如下：

（1）将插入点置于要插入页码的节中。如果文档没有分节，则为整个文档插入页码。

（2）选择"插入"选项卡，在"页眉和页脚"组中单击"页码"选项，从下拉列表中选择页码的插入位置，如图 3-48 所示。

（3）选择其中一种页面位置选项，会继续下拉出页码样式的选项，选择某种页码样式后，会自动在文档插入选择的页码。

（4）如果需设置页码格式，则单击"页码"下拉列表中的"设置页码格式"按钮，然后在弹出的如图 3-49 所示的"页码格式"对话框中进行详细设置。

**4. 目录设置**

Word 2016 具有自动生成目录的功能。因此，当用 Word 2016 书写论文或编写书稿时，就可以利用该功能生成目录。如果文档的章节发生变化，利用 Word 2016 自动生成的目录还可以随时更新目录。生成的目录还有索引功能，即按住"Ctrl"键不放，同时选择目录中的一项，Word 2016 就会自动找到该目录项内容的页面，并将光标定位在目录项内容上。

图 3-48　"页码"下拉列表　　　　图 3-49　"页码格式"对话框

为文档创建目录的方法是：首先为文档设置大纲级别；然后为文档设置目录而插入分节符；最后为文档创建目录。

1）为文档设置大纲级别

如果论文或书稿分为 3 级大纲，一般将"章"设为 1 级标题，将"节"设为 2 级标题，将"小节"设为 3 级标题，分别对应着前面所讲的样式中的"标题 1""标题 2""标题 3"。所以，我们可以根据前面所设置的样式作为目录内容，也可以通过以下方法进行大纲级别设置：

（1）首先切换到大纲视图，这时在"大纲工具"窗格中，在"大纲级别"下拉列表框中显示为"正文文本"，整个文档都为"正文文本"，表示文档还没有设置大纲标题。

（2）依次选择每"章"的标题，并从"大纲级别"下拉列表框中选择 1 级标题；再依次选择每"节"的标题，并从"大纲级别"下拉列表框中选择 2 级标题；之后依次选择每"小节"的标题，并从"大纲级别"下拉列表框中选择 3 级标题。根据需要还可以设置 4 级、5 级等大纲标题。

设置完论文标题后关闭大纲视图，回到页面视图。

2）为文档设置目录而插入分节符

一般目录的页面，通过插入分节符与正文分开，并且不与正文使用同一个页码顺序，需要单独排序。

如果是排版书籍类文档，插入目录之前，应在正文前插入"下一页"分节符。

3）为文档创建目录

为文档设置大纲级别，插入分节符之后就可以创建目录了。创建目录的方法如下：

（1）将光标定位到分节符之前的一页。

（2）选择"引用"选项卡，在"目录"组中单击"目录"按钮，打开"插入目录"下拉列表，如图 3-50 所示。

（3）在"插入目录"下拉列表中选择"插入目录"选项，打开"目录"对话框，如图 3-51 所示。

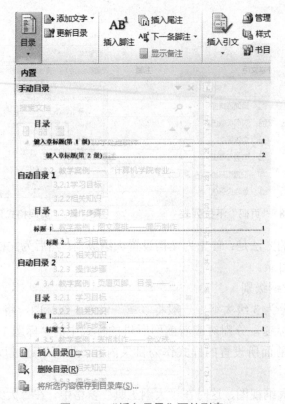

图 3-50 "插入目录"下拉列表

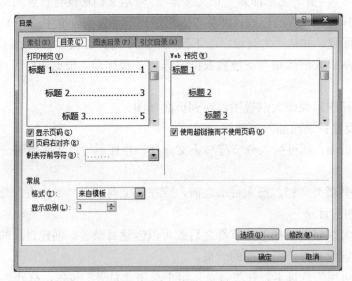

图 3-51 "目录"对话框

（4）在"目录"选项卡中，设置目录中所显示的大纲内容。Word 2016 默认使用"标题1"到"标题 3"的内置样式建立目录，如果标题使用的是其他自定义样式，则需要更改各级目录采取的样式。

默认情况下，在"常规"组中，"格式"选择为"来自模板"；"显示级别"选择为"3"。

如果采用默认设置，单击"确定"按钮，在文档中就自动生成了目录。

单击"目录"对话框右下角的"选项"按钮打开"目录选项"对话框，可以用来设置最终显示的标题级别。如图3-52所示，删除了标题1，最终只显示标题2和标题3级别。

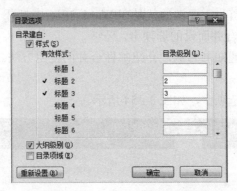

图3-52 "目录选项"对话框

### 3.3.2 文档打印

在文档按照要求编辑完成后，根据需要可以打印出来，在打印之前可以通过"布局"菜单中的"页面设置"命令对文档进行页边距和纸张方向等进一步设置。设置完成后可以单击"文件"菜单中的"打印"命令，进入"打印"界面，选择打印机，进行相关打印参数设置后即可打印，如图3-53所示。

图3-53 打印文档

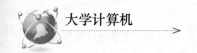

### 3.3.3　邮件合并

完成邮件合并需要两部分内容，一部分是主文档，即相同部分的内容；另一部分是数据源文件，即可变动内容。首先需要做的就是在 Word 2016 中打开一个新建的文档。在 Word 2016 中，有一个专为邮件合并而设的选项卡。

下面以创建多份录取通知书为例，介绍邮件合并的使用方法。

**1. 创建主文档**

（1）先单击"邮件"选项卡，如图 3-54 所示。

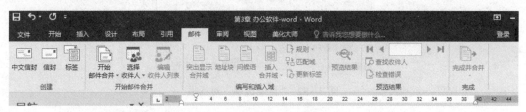

图 3-54　"邮件"选项卡

（2）单击"开始邮件合并"组中的"开始邮件合并"右侧的下拉箭头，弹出下拉列表，如图 3-55 所示。

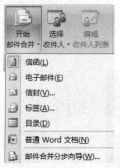

图 3-55　"开始邮件合并"下拉列表

（3）从下拉列表中选择想要创建的文档类型——可以选择创建信函、信封、目录、标签（在每个标签中都有不同的地址）等。

本案例选择信函，创建的主文档如图 3-56 所示。

图 3-56　"邮件合并"主文档

### 2. 打开数据源

单击"开始邮件合并"组中的"选择收件人"项，可以选择"使用现有列表"项，选择数据源文档"录取名册"（见图 3-57），添加收件人，还可以选择"从 Outlook 联系人中选择"项选择收件人数据或是选择"键入新列表"项新建收件人数据，如图 3-58 所示。

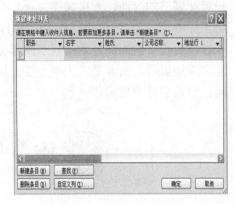

图 3-57 "邮件合并"数据源文档　　　　图 3-58 新建地址列表

### 3. 插入合并域

将光标移到主文档中需要插入合并域的位置，如选定"同学"前面的"\*\*\*\*\*\*"；单击"邮件"选项卡下"编写和插入域"组中的"插入合并域"项，如图 3-59 所示。从下拉列表中选择"姓名"域，"姓名"域就插入"同学"前面。用同样的方法可以将"录取专业"域插入"专业"前面。

### 4. 合并文档

当所有的东西都已经依照你的想法设置完毕，你就可以单击"完成"组中的"完成并合并"项，如图 3-60 所示。从下拉列表中可以选择第一项"编辑单个文档"，如果你选择这项，它就会为收件人列表中的每个条目创建独立的页面。如果需要时，你可以进行任何编辑。第二个选项"打印文档"，能够将文档打印出来，最后一个选项能够让你将每个页面作为一封电子邮件发送出去。至此邮件合并完成。

图 3-59 "插入合并域"项　　　　图 3-60 "合并文档"窗格

## 3.3.4　案例应用：制作学业规划计划书

### 1. 案例描述

人生之旅只发单程车票，如果你闭门造车，很可能你的学业生涯规划会坎坎坷坷；如果你遵循学业规划的基本原则，运筹帷幄，相信你的人生之路会风和日丽，道路坦荡。某高校为了让大学生在大学期间结合自身情况，尽早明确个人的职业目标，选择学业道路，少走弯路，现举行大学生学业规划比赛。要求学生提交一份大学生学业职业规划计划书。

**2. 案例实施**

（1）正文首行缩进两个字符，字体设置成"仿宋"，小四号。

（2）设置计划书的封面，效果如图 3-61 所示。

（3）将正文中"一、"开头的设置成标题 1，"1、"设置成标题 2。

（4）在封面后正文前添加目录，显示两级标题。

（5）正文添加页眉，内容是"大学生学业职业规划计划书"；正文添加页码，以阿拉伯数字居中显示。

制作学业规划
计划书

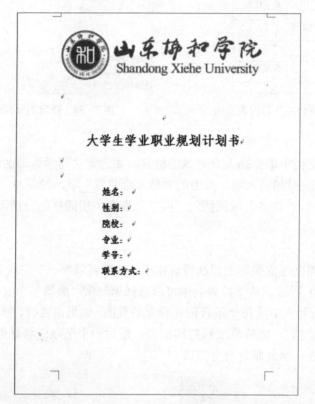

图 3-61　封面效果图

## 思考

1. 你是一名即将毕业的学生，要参加各种招聘会，请利用所学知识制作一份简历，要求有表格，图文并茂，简洁美观。

2. 你是学校宣传部的部长，本周末要聘请一名专家讲解创新创业大赛的相关知识，请制作一份本讲座的宣传海报，要求图文并茂。

# 第 4 章  电子表格软件

## 学习目标

● 了解常用的电子表格软件及其功能；

● 熟悉 Excel 工作簿、工作表的操作方法，单元格格式、条件格式以及自定义序列的应用方法和技巧；

● 掌握 Excel 公式与函数的应用，把握 SUM、AVERAGE、MAX、MIN、VLOOKUP、RANK、SUMIFS 等常用函数的应用技巧；掌握 Excel 外部数据引用，数据排序、筛选、分类汇总的数据处理与操作方法和技巧；掌握图表及其格式化、数据透视表、页面设置与打印的操作方法和技巧。

Excel 电子表格软件是 Microsoft 公司开发的 Office 办公软件中的重要组件，使用它可以快速实现数据的整理、统计和分析等多项工作，还可以生成精美直观的表格、图表，方便用户打印输出。

## 4.1  电子表格基本操作

### 4.1.1  工作簿操作

Excel 工作簿是进行数据存储、运算、数据格式化等操作的文件，工作簿名就是文件名，用户在 Excel 中处理的各种数据最终都以工作簿文件的形式存储在磁盘上，启动 Excel 后，创建空白工作簿，将自动建立一个名为"工作簿 1"的工作簿，其扩展名为".xlsx"。

工作簿是由工作表组成的，每个工作簿最多包含 255 个工作表。每个工作表都是存入某类数据的表格或者数据图表。工作表是不能单独存盘的，只有工作簿才能以文件的形式存盘。

工作簿的操作主要包括工作簿的新建、打开、保存、关闭、并排查看和拆分。其基本界面如图 4-1 所示。

**1. 新建工作簿**

Excel 创建一个新的工作簿，可在启动 Excel 后，单击空白工作簿自动建立一个文件名为"工作簿 1"的新工作簿，或者使用组合键"Ctrl"+"N"，或者选择"文件"选项卡中的"新建"命令。同样可以基于样品模板、Office.com 模板创建一个新工作簿，如图 4-2 所示。

图 4-1　Excel 工作界面

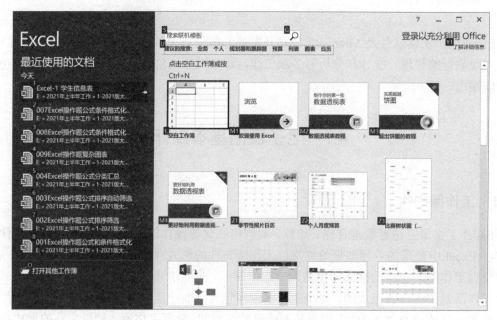

图 4-2　Excel 创建工作簿

**2. 打开与切换工作簿**

打开一个已经保存过的工作簿，可以找到需要打开的工作簿，双击扩展名为.xlsx 的工作簿将其打开，也可使用"文件"选项卡中的"打开"命令，或者在"文件"选项卡中单击"最近使用文件"（在默认状态下显示 25 个最近打开过的文件，用户可以通过"文件"选项卡中的"选项"命令打开"Excel 选项"对话框，然后在"高级"选项卡中修改这个数目，如图 4-3 所示），即可打开相应的工作簿。

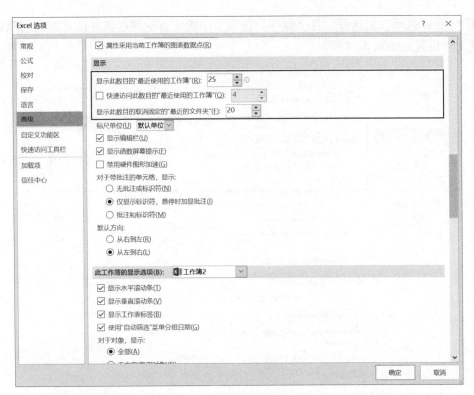

图 4-3　Excel 创建工作簿

Excel 允许同时打开多个工作簿。可以在不关闭当前工作簿的情况下打开其他工作簿。可以在不同工作簿之间进行切换，单击"视图"选项卡的"窗口"功能组中的"切换窗口"按钮，出现下拉菜单后，可以快速选择我们需要编辑的工作簿，同时对多个工作簿进行操作。

**3. 保存工作簿**

Excel 工作簿编辑完成后，要将它保存在磁盘上，以便今后使用。选择文件位置后输入文件名，再选择保存的文件类型。Excel 工作簿的扩展名为.xlsx，Excel 模板的扩展名为.xltx。Excel 97—2003 工作簿兼容模式，其对应的扩展名为.xls、.xlt。保存 Excel 工作簿主要有三种情况，保存已有的工作簿、保存未命名的新工作簿、保存自动恢复信息的工作簿。

1）保存已有的工作簿

通过单击快速访问工具栏中的"保存"按钮、"文件"选项卡中的"保存"命令、按组合键"Ctrl"＋"S"均可实现。如果要将修改后的工作簿存为另一个文件，则需选择"文件"选项卡中的"另存为"命令，在弹出的"另存为"对话框中确定"保存位置"和"文件名"后，再单击"保存"按钮。

2）保存未命名的新工作簿

通过单击快速访问工具栏中的"保存"按钮、"文件"选项卡中的"保存"或"另存为"命令、按组合键"Ctrl"＋"S"均可实现，在弹出的"另存为"对话框中确定"保存位置"和"文件名"后，再单击"保存"按钮。

3）保存自动恢复信息的工作簿

在操作过程为防止突然断电造成信息丢失，可通过单击"文件"选项卡中的"选项"命

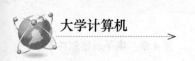

令打开"Excel 选项"对话框，在"保存"选项卡中确定自动保存恢复信息时间间隔以及自动恢复文件位置，如图 4-4 所示。

图 4-4　"Excel 选项"对话框

Excel 保存自动恢复信息的间隔时间默认为 10 分钟，可设置范围为 1～120 分钟，必须是整数。若没及时保存，在退出 Excel 或关闭当前工作簿时，系统会弹出提示是否保存的对话框，单击"是"按钮也可保存。

**4.** 关闭工作簿

关闭 Excel 工作簿的方法有：单击"文件"菜单中的"关闭"命令；单击选项卡最右端的"关闭窗口"按钮；单击标题栏最右端的"关闭"按钮；单击"文件"菜单中的"退出"命令；使用组合键"Ctrl" + "F4"或"Alt" + "F4"。

**5.** 并排查看工作簿

打开需要并排查看的任意工作簿，单击"视图"选项卡的"窗口"功能组中的"并排查看"按钮，弹出"并排查看"对话框，选择需要并排查看的工作表即可。在并排查看状态下，当滚动显示一个工作簿的内容时，并排查看其他工作簿也将随之进行滚动，方便同步查看。

**6.** 拆分工作簿

拆分工作簿窗口：选择需要拆分的单元格后，单击"视图"选项卡的"窗口"功能组中的"拆分"按钮。拆分窗口可以将工作表拆分为多个窗格，每个窗格都可以单独进行操作，这样有利于在数据量比较大的工作表中查看数据的前后对照关系。

## 4.1.2　工作表操作

工作表（Sheet）是工作簿的重要组成部分，是进行组织和管理数据的地方，用户可以在工作表中输入数据、编辑数据、设置数据格式等操作。工作表的横向为行、纵向为列，每行用数字标识，数字范围为从 1 到 1 048 576，数字标识称作行号；每列用字母标识，从 A、B、…、Z、AA、……一直到 XFD，字母标识称作列标。行列交叉部分称为单元格，列标在前行号在后，表示为 A1、B10 等，每个工作表中最多可有 1 048 576×16 384 个单元格。

Excel 工作表的操作主要包括设置工作表数目，选择、插入、删除、重命名、移动、复制、隐藏冻结工作表窗格等操作。

**1. 设置工作表数目**

Excel 启动后，系统默认打开的工作表数目是一个，用户也可以改变这个数目，方法是：单击"文件"菜单下的"选项"命令，在出现的"Excel 选项"对话框中，单击"常规"组下的"新建工作簿时"，在"包含的工作表数"后面的数值（数字介于 1～255 之间）设置以后每次新建工作簿同时打开的工作表数目。每次改变以后，需重新启动才生效。

**2. 选择工作表**

（1）单个工作表：单击工作表标签，可以选择该工作表为当前工作表。

（2）多个不连续工作表：按住"Ctrl"键分别单击工作表标签，可同时选择多个不连续的工作表。

（3）多个连续工作表：单击第一个要选定的工作表标签，然后按住"Shift"键不放，再单击最后一个要选定的工作表标签，可同时选择多个连续的工作表。

**3. 插入新工作表**

（1）选项卡法：选定单个或多个工作表标签，单击工作表标签，然后选择"开始"选项卡中的"单元格"组，单击"插入"命令并选择"插入工作表"，即可在当前工作表左侧插入新工作表。

（2）右键法：选定单个或多个工作表标签，右键单击工作表标签，在快捷菜单中选择"插入"命令，将出现"插入"对话框，选择常用工作表或电子表格方案插入。

（3）按钮法：单击新工作表按钮，即可在当前工作表左侧插入新工作表。

**4. 删除工作表**

（1）选项卡法：选择要删除的工作表，在"开始"选项卡中的"单元格"组，单击"删除"命令的下三角按钮，选择"删除工作表"命令。

（2）右键法：右键单击要删除的工作表标签，选择快捷菜单的"删除"命令。

**5. 重命名工作表**

（1）选项卡法：在"开始"选项卡中的"单元格"组，单击"格式"命令的下三角按钮，选择"重命名工作表"命令。

（2）右键法：右键单击将改名的工作表标签，然后选择快捷菜单中的"重命名"命令，输入新的工作表名称即可。

（3）双击法：双击相应的工作表标签，输入新名称覆盖原有名称即可。

**6. 移动或复制工作表**

用户既可以在一个工作簿中移动或复制工作表，也可以在不同工作簿之间移动或复制工作表。

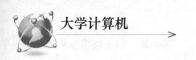

1）在同一个工作簿中移动或复制工作表

（1）鼠标拖曳法：在当前工作簿中移动工作表，可以沿工作表标签栏拖动选定的工作表标签；如果要在当前工作簿中复制工作表，则需要在拖动工作表到目标位置的同时按住"Ctrl"键。

（2）选项卡法：选定原工作表，单击"开始"选项卡中"单元格"组中的"格式"命令的下三角按钮，选择"移动或复制工作表"命令，在该对话框的"下列选定工作表之前"列表框中，单击需要在其前面插入移动或复制工作表的工作表；如果要复制工作表，则需要选中"建立副本"复选框，单击"确定"按钮即可。

2）在不同工作簿之间移动或复制工作表

首先打开已有的工作簿和用于接收工作表的目标工作簿，在已有工作簿中选定工作表，单击"开始"选项卡中"单元格"组中的"格式"命令的下三角按钮，选择"移动或复制工作表"命令，然后在打开的对话框的"工作簿"下拉列表框中，选定用于接收工作表的工作簿，在该对话框的"下列选定工作表之前"列表框中，单击需要在其前面插入移动或复制工作表的工作表；如果要复制工作表，则需要选中"建立副本"复选框，单击"确定"按钮即可。

**7. 隐藏工作表或取消隐藏**

隐藏工作表，一种方法是右键单击需要隐藏的工作表标签，选择"隐藏"命令即可；另一种方法是选择需要隐藏的工作表，单击"开始"选项卡中"单元格"组中的"格式"命令的下三角按钮，选择"隐藏和取消隐藏"中的隐藏工作表。可同时隐藏多个工作表。

取消隐藏工作表，通过单击"开始"选项卡中"单元格"组中的"格式"命令的下三角按钮，选择"隐藏和取消隐藏"中的取消隐藏工作表，打开"取消隐藏"对话框，在"取消隐藏工作表"列表框中，选中需要显示的被隐藏工作表的名称，按"确定"按钮即可重新显示该工作表。

**8. 冻结工作表窗格**

选择需要作为冻结拆分的中心单元格 B3 后，单击"视图"选项卡中"窗口"功能组的"冻结窗格"按钮，选择下拉菜单中的"冻结拆分窗格"命令。当数据量比较大时，可以通过冻结工作表来冻结需要固定的表头，方便我们在不移动表头所在行列的情况下，查看距离表头比较远的数据。

### 4.1.3 数据编辑操作

Excel 数据编辑操作主要包括单元格和单元格区域的认识，文本型数据、数值型数据、日期和时间型数据、自动填充数据、等差等比数列、自定义序列等数据的输入方法和技巧，以及数据的有效性设置。

**1. 单元格和单元格区域**

单元格就是工作表中行和列交叉的部分，是工作表最基本的数据单元。单元格区域指的是由多个相邻单元格形成的矩形区域，其表示方法由该区域的左上角单元格地址、冒号和右下角单元格地址组成，如 A1：F4。

**2. 单元格数据的输入**

Excel 单元格中常用的数据类型包括文本型、数值型、日期和时间型、公式与函数等类型。

Excel 中单元格输入或编辑数据时可通过单击该单元格，直接输入数据，也可在编辑栏中输入或编辑当前单元格的数据。还可以双击单元格，单元格内出现插入光标，移动光标到所需位置，即可进行数据的输入或编辑修改。如果要同时在多个单元格中输入相同的数据，可先选定相应的单元格，编辑数据，按"Ctrl"＋"Enter"组合键，即可向这些单元格同时输入相同的数据。

1）文本型数据

文本型数据可以是数字、字母、汉字、字符、空格等字符，也可以是这些内容的组合。如学号、邮政编码、身份证号等，都将视为文本型数据。文本型数据默认左对齐。

输入时注意：如果把数字作为文本输入（如身份证号码、学号、电话号码、=3＋7、3/7 等），应先输入一个半角字符的单引号"'"再输入相应的字符。

2）数值型数据

数值型数据除了数字 0~9 外，还包括"＋"（正号）、"－"（负号）、"、"、","（千分位号）、"."（小数点）、"/"、"$"、"%"、"E"、"e"等特殊字符。数字型数据默认右对齐。

输入分数时，应在分数前输入 0 及一个空格，如分数 4/3 应输入"0 4/3"。如果直接输入 4/3 或 04/3，则系统将把它视作日期，认为是 4 月 3 日；输入负数时，应在负数前输入负号，或将其置于括号中。如－6 应输入"－6"或"(6)"；数据可用千分位号","隔开，如输入"11，001"；如果单元格使用默认的"常规"数字格式，Excel 会将数字显示为整数、小数，当数值长度超出单元格宽度时则以科学记数法表示。

3）日期和时间型数据

Excel 日期的格式为"年－月－日""日－月－年"和"月－日"，日期和时间型数据默认为右对齐。

一般情况下，日期分隔符使用"/"或"－"。例如，2021/5/16、2021－5－16、16/May/2021 或 16－May－2021 都表示 2021 年 5 月 16 日。如果只输入月和日，Excel 就取计算机内部时钟的年份作为默认值。例如，在当前单元格中输入 5－16 或 5/16，按"Enter"键后显示 5 月 16 日，当再把刚才的单元格变为当前单元格时，在编辑栏中显示 2021－5－16。

时间分隔符一般使用冒号":"。例如，输入 8:0:1 或 8:00:01 都表示 8 点零 1 秒。可以只输入时和分，也可以只输入小时数和冒号，还可以输入小时数大于 24 的时间数据。如果要基于 12 小时制输入时间，则在时间（不包括只有小时数和冒号的时间数据）后输入一个空格，然后输入 AM 或 PM，用来表示上午或下午，否则，Excel 将基于 24 小时制计算时间。

如果要输入当天的日期，则按"Ctrl"＋";"（分号）组合键。如果要输入当前的时间，则按"Ctrl"＋"Shift"＋";"（分号）。如果在单元格中既输入日期又输入时间，则中间必须用空格隔开。

4）自动填充数据

Excel 自动填充数据可以填充相同数据、等比数列、等差数列、日期时间序列、自定义序列。

（1）自动填充是根据初值决定以后的填充项，方法是将鼠标移到初值所在的单元格填充柄上，当鼠标指针变成黑色"十"字形时，按住鼠标左键拖动到所需的位置，松开鼠标即可

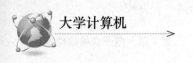

完成自动填充。

（2）初值为纯数字型数据或文字型数据时，拖动填充柄在相应单元格中填充相同数据。若拖动填充柄的同时按住"Ctrl"键，可使数值型数据自动增1。

（3）初值为文本型数据和数值型数据混合体时，填充时文字不变，数字递增减。如初值为A1，则填充值为A2、A3、A4等。

（4）初值为日期时间型数据及具有增减可能的文字型数据时，则自动增1。若拖动填充柄的同时按住"Ctrl"键，则在相应单元格中填充相同数据。

（5）初值为Excel预设的自定义序列中的数据时，则按预设序列填充。

5）等差数列、等比数列

先在起始单元格输入序列的初始值，再选定相邻的另一单元格，输入序列的第二个数值，这两个单元格中数值的差将决定该序列的增长步长。选定包含初始值和第二个数值的单元格，用鼠标拖动填充柄经过待填充区域。如果要按升序排列，则从上到下或从左到右填充；如果要按降序排列，则从下到上或从右到左填充。

在单元格输入起始值"2"，单击"开始"选项卡的"编辑"组中的"填充"按钮下的"系列"命令，打开"序列"对话框产生一个序列，在对话框的"序列产生在"区域选择"列"，选择的序列类型为"等差序列"，然后在"步长值"中输入数字"6"，"终止值"中键入"128"，最后单击"确定"按钮，就会看到如图4-5所示的结果。

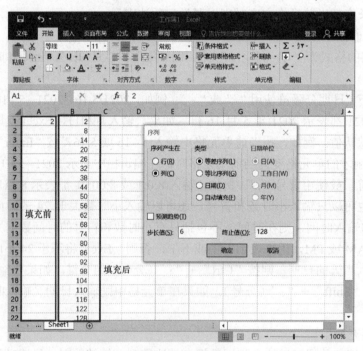

图4-5 等差序列

若选择的序列类型为"等比序列"，然后在"步长值"中输入数字"4"，"终止值"中键入"1 024"，最后单击"确定"按钮，就会看到如图4-6所示的结果。

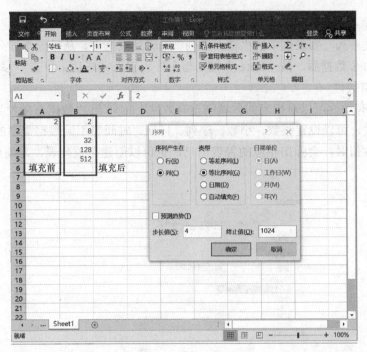

图 4-6　等比序列

**6）自定义序列**

用户可以通过工作表中现有的数据项或输入序列的方式创建自定义序列，并可以保存起来供以后使用。

（1）使用现有数据创建自定义序列。

如果已经输入了将要用作填充序列的数据清单，则可以先选定工作表中相应的数据区域，单击"文件"菜单下的"选项"命令，打开"Excel 选项"对话框，选择"高级"选项卡中的"常规"组下的"编辑自定义列表"命令，弹出"自定义序列"对话框，单击"导入"按钮，即可使用现有数据创建自定义序列，如图 4-7 所示。

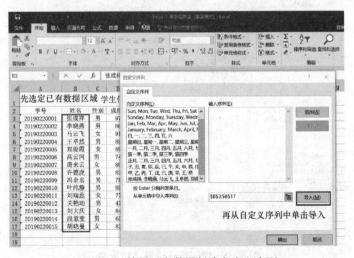

图 4-7　使用现有数据创建自定义序列

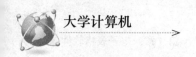
（2）使用输入序列方式创建自定义序列。

在"自定义序列"列表框中的"输入序列"编辑列表框中，从第一个序列元素开始输入数据，在输入每个数据后，按"Enter"键，整个序列输入完毕后，单击"添加"按钮即可。

**3. 数据的有效性**

Excel 数据有效性可以对指定的区域创建有效性下拉列表，"数据有效性"又称为数据验证。其功能强大，可以设置整数、小数、序列、日期、时间等不同数据类型的有效值，当不满足设定的有效值时，会弹出相应的警告信息，也可以创建下拉列表，方便用户选择数据。如图 4-8 所示。

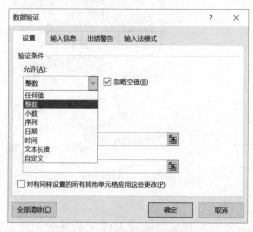

图 4-8　数据有效性验证

用户在使用 Excel 处理数据的时候，当遇到有选择性的问题时，需要有一个按钮去帮助用户选择想要的数据，方便快捷。接下来以"性别"字段为例，设置下拉列表，如图 4-9 所示。

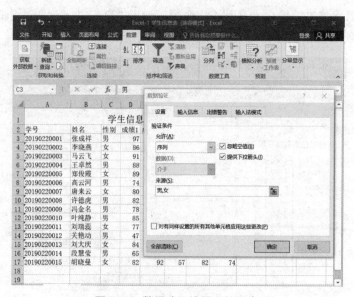

图 4-9　数据验证设置下拉列表

首先选定需要设置下拉列表数据的单元格区域 C3:C7，选择"数据"选项卡下"数据工具"选项中的"数据验证"，设置"验证条件"为允许"序列"，选中"忽略空值"和"提供下拉箭头"复选框，"来源"为"男, 女"（注意使用英文半角状态的逗号），除此之外，"来源"设置还可以是已有单元格数据的引用（如 C3:C4）。

### 4.1.4　格式设置操作

**1. 单元格、单元格区域的选择**

Excel 在执行大多数命令或任务之前，都要先选择相应的单元格或单元格区域。常用的选择操作见表 4-1。

表 4-1　常用的选择操作

| 选择内容 | 具体操作 |
| --- | --- |
| 整行 | 单击行号 |
| 整列 | 单击列标 |
| 单个单元格 | 单击相应的单元格，或用箭头键移动到相应的单元格 |
| 单元格区域 | 单击选定该区域的第一个单元格，然后拖动鼠标直至选定最后一个单元格，或按住"Shift"键单击该区域的最后一个单元格 |
| 工作表中的所有单元格 | 单击"全选"按钮 |
| 不相邻的单元格或单元格区域 | 先选定第一个单元格或单元格区域，然后按住"Ctrl"键再选定其他的单元格或单元格区域 |
| 相邻的行或列 | 沿行号（列标）拖动鼠标；或选定第一行（第一列）后按住"Shift"键再选定其他行或列 |
| 不相邻的行或列 | 先选定第一行（第一列），然后按住"Ctrl"键再选定其他的行或列 |
| 增加或减少活动区域的单元格 | 按住"Shift"键并单击新选定区域的最后一个单元格 |
| 已定义名称的单元格或单元格区域 | 从编辑栏的名称框中选择已定义的名称 |

先选定并双击该单元格，再选择其中的数据，然后单击工作表中其他任意一个单元格即可取消选定的单元格区域。

**2. 单元格行高和列宽设置**

创建工作表时，系统为每个单元格设置了一个默认的行高列宽。如果输入的内容超过了单元格的行高宽度，Excel 并不会自动调整行高列宽，显示会出现异常。Excel 中设置行高和列宽的操作方法有四种。

（1）选项卡法：在"开始"选项卡的"单元格"组中，选择"格式"下的"行高"或"列宽"选项，并输入精确的高度值或宽度值。也可选择"格式"下的"自动调整行高"或"自动调整列宽"选项使高度或宽度根据单元格中的内容自适应。

（2）鼠标拖曳法：使用鼠标拖动行号下边界、列标右边界，实现行高列宽的调整。

（3）鼠标双击法：双击行号边界、列标边界，实现行高列宽的调整。

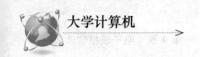
（4）右键法：选定相应的行或列，右键单击，在弹出的快捷菜单中选择"行高"或"列宽"，然后进行设置。

**3. 单元格格式的设置**

单元格的数据格式包括数字、对齐、字体、边框、填充和保护六部分，如图4-10所示。要进行单元格数据的格式化，必须先选中要进行格式化的单元格或区域，然后再进行相应的操作，也就是遵循"先选后做"原则。对单元格数据的格式化操作一般使用"设置单元格格式"对话框设置、"开始"选项卡中"字体""对齐方式""数字"组设置、格式刷复制三种方法。

**1）"设置单元格格式"对话框**

设置单元格格式遵循"先选后做"原则，右键单击选中要格式化的单元格或单元格区域，在快捷菜单中选择"设置单元格格式"命令，弹出"设置单元格格式"对话框，如图4-10所示。

图4-10 "设置单元格格式"对话框

（1）"数字"选项卡：可以对数值、货币、日期、时间等多种数据类型进行相应的常见显示格式设置，如果分类中没有用户需要的格式，可以在"自定义"中，根据用户需求自己定义新格式。

（2）"对齐"选项卡：可以对数据进行对齐方式、文本控制以及方向的格式进行设置。

（3）"字体"选项卡：可以对数据的字体、字形、字号、颜色等进行设置。

（4）"边框"选项卡：可以对单元格的边框及边框线条样式、颜色等进行设置，遵循设置的先后顺序，先定义线条样式和颜色，再添加边框，如图4-11所示。

（5）"填充"选项卡：可以对单元格或单元格区域底纹的颜色和图案等进行设置。

（6）"保护"选项卡：可以对单元格进行锁定和隐藏。

2）选项卡中格式设置

遵循"先选后做"原则，先选中要格式化的单元格或区域，然后单击"开始"选项卡中"字体""对齐方式""数字"组中的功能区中相应按钮即可，如图4-12所示。

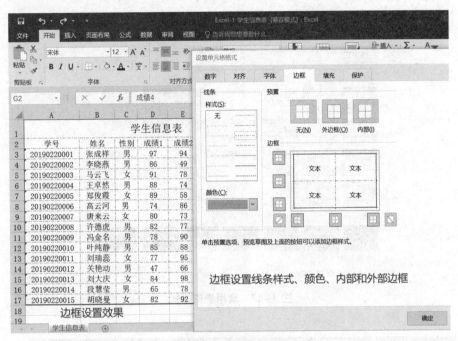

图4-11 "边框"选项卡

图4-12 "开始"选项卡

3）自动套用格式

Excel为用户准备了工作表格式，使用该功能通过单击"开始"选项卡下"样式"组中的"套用表格格式"命令，在弹出的列表框中选择一种格式，指定格式就被套用到选定的单元格区域中了，如图4-13所示。

4）条件格式

在工作表中，有时为了突出显示满足条件的数据，可以设置单元格或单元格区域的条件格式。

选定数据区域，选择"开始"选项卡下"样式"组中的"条件格式"下的"管理规则"命令（见图4-14），弹出"条件格式规则管理器"对话框，单击"新建规则"按钮，弹出"新建格式规则"对话框，设置相应的条件，完成操作后关闭即可。

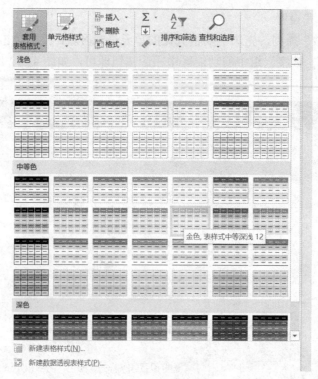

图 4-13　套用表格格式

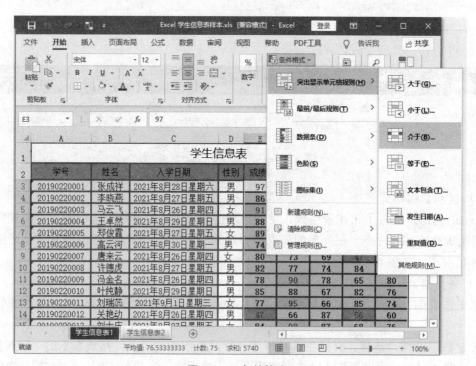

图 4-14　条件格式

### 4.1.5　案例应用：学生信息表

#### 1. 案例描述

新学期伊始，高一（11）班的班主任助理赵老师需要对本班学生的入学信息和成绩进行录入分析，请根据已提供的"学生信息表 1"，实现如图 4–15 所示的"学生信息表 2"的效果。

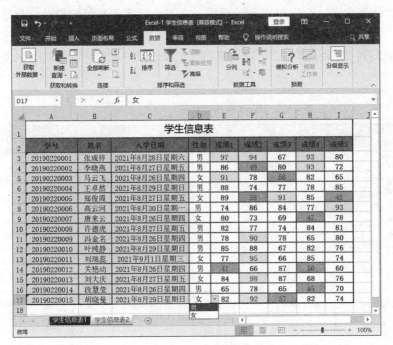

图 4–15　"开始"选项卡

4.1.5　学生信息表操作（a）数据录入

4.1.5　学生信息表操作（b）格式调整

4.1.5　学生信息表操作（c）条件格式

#### 2. 案例实施

（1）打开"Excel 学生信息表"工作簿，将"学生信息表 1"工作表的颜色设置为紫色。复制"学生信息表 1"并修改名称为"学生信息表 2"，将工作表的颜色设置为绿色。

（2）在"学生信息表 2"中输入标题"学生信息表"，设置相应的字体字号，合并后居中；删除"学号""姓名""入学日期""性别"字段的值，录入"学号"和"入学日期"数据，设置学号为文本型数据，调整入学日期格式为"××××年××月××日星期×"。

（3）如图 4–15 所示，调整行高、列宽，设置单元格格式、边框底纹等。

（4）把"姓名"字段中的所有学生姓名自定义成序列，以便后期调用该数据。

（5）将"性别"字段数值区域设置为下拉列表，可手动选择"男"或"女"的形式。

（6）条件格式设置，将所有小于或等于 60 分的学生成绩设置为绿底红字，将成绩介于 60～89 的成绩设置为深蓝加粗显示，将成绩大于或等于 90 分的成绩设置为黄底绿字。

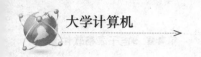

## 4.2　公式与函数

### 4.2.1　公式与函数概述

在 Excel 中，数据计算非常重要，用户可以利用公式和函数实现数据的自动化处理。

**1. 运算符**

Excel 包含四类运算符：算术运算符、比较运算符、文本运算符和引用运算符，如表 4-2 所示。

表 4-2　Excel 中的运算符

| 运算符分类 | 包含 | 返回值或说明 | 举例 | 结果 |
|---|---|---|---|---|
| 算术运算符 | +、-、*、/、%、^ | 数值型数据 | 2+2^5 | 34 |
| 比较运算符 | =、>、<、>=、<= | True、False | 1<9 | True |
| 文本运算符 | & | 文本型数据 | 1999&"年"&10&"月" | 1999 年 10 月 |
| 引用运算符 | 冒号 | 合并多个单元格区域 | B2: F4 | 引用B2到F4之间所有单元格 |
| | 逗号 | 多个引用合并一个引用 | Sum (B2:F4，C5:D6) | 求两个区域之和 |
| | 空格 | 产生同时属于两个引用的单元格区域的引用 | Sum (B2:F4 C5:D6) | 求两个区域公共部分之和 |

**2. 单元格引用**

单元格引用是把单元格的数据和公式联系起来，标识工作表中单元格或单元格区域，指明公式中使用数据的位置。

（1）相对引用：单元格引用时会随着公式所在位置变化而变化，公式的值将会依据更改后的单元格地址重新计算。

（2）绝对引用：公式中的单元格或单元格区域地址不随公式位置的改变而发生改变，行标列号前都有 "$"，例如 $B$2。

（3）混合引用：公式中的单元格或单元格区域地址部分相对引用，部分绝对引用，例如 $B2，B$2。

（4）三维地址引用：引用不同工作簿、不同工作表中的单元格，可表示为 "［工作簿名］工作表名！单元格"，例如 ［a.xlsx］学生信息表！$A$1:$B$3，表示引用 a.xlsx 文件中的学生信息表中的 A1 到 B3 区域。

常见的单元格引用，如表 4-3 所示。

表 4-3 单元格引用

| 引用标识 | 引用的单元格和区域 |
| --- | --- |
| B2 | 第 B 列第 2 行处的单元格 |
| B2:B4 | 第 B 列第 2 行到第 4 行之间的单元格区域 |
| B2:F4 | 第 B 列第 2 行到第 F 列第 4 行之间的单元格区域 |
| 2:2 | 第 2 行全部单元格区域 |
| 2:4 | 第 2 行到第 4 行之间的全部单元格区域 |
| B:B | 第 B 列全部单元格区域 |
| B:F | 第 B 列到第 F 列之间的全部单元格区域 |
| [工作簿 1] sheet1！B2:F4 | 工作簿 1 中 sheet1 工作表中第 2 行 B 列到第 4 行 F 列之间的单元格区域 |

在单元格引用的过程中，还可以通过定义名称，对特定的区域进行引用。选择要引用的表区域，在"公式"选项卡下的"定义的名称"组中，选择定义名称，在如图 4-16 所示新建名称向导中输入定义的名称、名称的使用范围、引用的位置即可完成名称定义。可以通过定义的名称完成公式的输入。图 4-16 所示定义 Sheet1 中 A1 到 G14 区域名称为学生信息表，并将名称使用范围设定为整个工作簿。

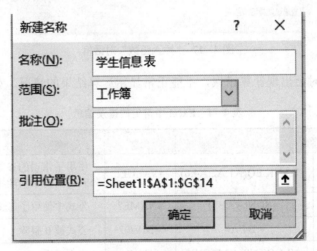

图 4-16 新建名称向导

### 3. 公式与函数的使用

Excel 中提供了许多内置函数，有财务函数、逻辑函数、文本函数、日期和时间函数、查找和引用函数、数学和三角函数等上百种函数，为用户在 Excel 中进行数据运算和分析带来极大的方便。

每一个函数都是由函数名（不区分大小写）、一对英文小括号和参数组成。输入函数时需要先输入"="，然后再输入函数名和相关参数，最后按"Enter"键即可得到结果。例如，

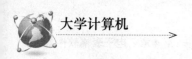

在单元格 A1 中输入"=sum (B2:F4)"后按"Enter"键得到 B2 到 F4 区域的单元格的和。

函数输入有以下两种方法：

（1）键盘上直接输入函数。

（2）使用"插入函数"对话框，如图 4-17 所示。

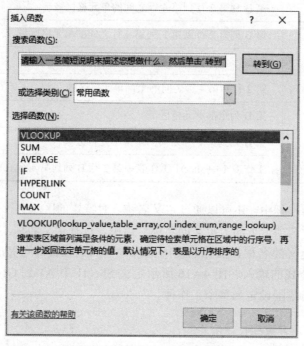

图 4-17 "插入函数"对话框

计算过程中有时会出现计算错误，不能正常显示运算结果的情况，如表 4-4 所示。

表 4-4 Excel 中常见的错误信息

| A 列值 | B 列值 | 函数引用 | 错误值 | 可能原因 |
|--------|--------|----------|--------|----------|
| 3 | | =RANK.EQ(A1,A2:A4,0) | #VALUE! | 使用了错误的参数或者运算对象，或者公式自动更正功能不能更正公式 |
| 2 | 3 | =SUN(A3:B3) | #NAME? | 公式中使用了 Excel 不能识别的文本 |
| 0 | 5 | =B4/A4 | #DIV/0! | 公式被 0 整除 |
| 协和 | | =VLOOKUP(A5,B:B,1,0) | #N/A | 值不可用 |
| | | =REF!B6 | #REF! | 单元格引用无效 |
| 1.00E+95 | 1.00E−90 | =A7/B7/B7/B7 | #NUM! | 函数或公式中某个数字有问题 |
| | | =SUM(A8:B8 A10:A12) | #NULL! | 两个不相交区域指定交叉点 |
| | | =TODAY() | ######### | 产生的内容比单元格宽 |
| 18:00:00 | 6:00:00 | =B10−A10 | ######### | 单元格的日期时间公式产生了一个负值 |

## 4.2.2 常用函数介绍

Excel 中的常用函数如表 4-5 所示。

表 4-5 常用函数说明

| 函数名 | 函数参数 | 函数说明 |
|---|---|---|
| IF | IF(logical_test,value_if_true,value_if_false) | 判断是否满足某个条件,如果满足返回 true,不满足返回 false |
| SUM | SUM(num1,num2,...) | 计算单元格区域中所有数值的和 |
| SUMIFS | SUMIFS(sum_range,criteria_range1,criteria1,...) | 对一组给定条件指定的单元格求和 |
| AVERAGE | AVERAGE(num1,num2,...) | 返回参数的算术平均值 |
| AVERAGEIFS | AVERAGEIFS(average_range, criteria_range1,criteria1,...) | 查找一组给定条件指定的单元格的平均值(算术平均值) |
| COUNT | COUNT(value1,value2,...) | 计算区域中包含数字的单元格的个数 |
| COUNTIFS | COUNTIFS(criteria_range1,criteria1, criteria_range2,criteria2,...) | 统计一组给定条件所指定的单元格个数 |
| RANK | RANK(num,ref,order) | 返回某一数字在一列数字中相对于其他数值的大小排名 |
| RANK.EQ | RANK.EQ(num,ref,order) | 返回某一数字在一列数字中相对于其他数值的大小排名,如果多个数值排名相同则返回该组数值的最佳排名 |
| VLOOKUP | VLOOKUP(lookup_value,table_array, col_index_num,range_lookup) | 按列查找,返回该所需查询列序所对应的值(HLOOKUP()按行查找) |
| MAX | MAX(num1,num2,...) | 返回一组数据中的最大值 |
| MIN | MIN(num1,num2,...) | 返回一组数据中的最小值 |
| MID | MID(text,start_num,num_chars) | 从指定位置开始,提取用户指定的字符数 |
| LEFT | LEFT(string,n) | 从左侧开始截取 $n$ 个字符 |
| RIGHT | RIGHT(string,n) | 从右侧开始截取 $n$ 个字符 |
| INT | INT(num) | 将数值向下取整为最接近的整数 |
| ROUND | ROUND(num,num_digits) | 按指定的位数对数值进行四舍五入 |
| ABS | ABS(num) | 求整数的绝对值 |
| MOD | MOD(num,divisor) | 返回两个数相除的余数 |
| TODAY | TODAY() | 返回系统的日期 |
| WEEKDAY | WEEKDAY(data,return_type) | 返回代表一星期中的第几天的数值,是一个 $1\sim7$ 的整数 |

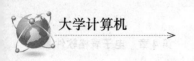
### 4.2.3 案例应用：学生成绩表

**1. 案例描述**

Excel 中存在两张表，即图 4-18 所示的学生成绩表和图 4-19 所示的学生信息表，根据要求完成学生成绩表，填充结果如图 4-20 所示。

| | A | B | C | D | E | F | G | H | I | J | K | L | M |
|---|---|---|---|---|---|---|---|---|---|---|---|---|---|
| 1 | 学号 | 身份证号 | 姓名 | 性别 | 出生日期 | 年龄（按出生年） | 年龄（按出生日期） | 平时成绩 | 期末成绩 | 学期成绩 | 名次 | 是否优秀 | 班级 |
| 2 | C160101 | 370183199902095747 | | | | | | 97 | 99 | | | | |
| 3 | C160102 | 370183199702041511 | | | | | | 89 | 92 | | | | |
| 4 | C160103 | 370183199902082129 | | | | | | 98 | 95 | | | | |
| 5 | C160104 | 370284199803290540 | | | | | | 85 | 80 | | | | |
| 6 | C160201 | 370281199811285369 | | | | | | 80 | 82 | | | | |
| 7 | C160202 | 370281199905253635 | | | | | | 81 | 83 | | | | |
| 8 | C160203 | 37038219990319672X | | | | | | 87 | 90 | | | | |
| 9 | C160301 | 370323199804294649 | | | | | | 82 | 80 | | | | |
| 10 | C160302 | 370383199803186520 | | | | | | 83 | 85 | | | | |
| 11 | C160303 | 370385199812196018 | | | | | | 75 | 80 | | | | |
| 12 | 总人数 | | | | | | | | | | | | |
| 13 | 男生人数 | | | | | | | | | | | | |
| 14 | 平均成绩 | | | | | | | | | | | | |
| 15 | 总成绩 | | | | | | | | | | | | |
| 16 | 最高分 | | | | | | | | | | | | |
| 17 | 最低分 | | | | | | | | | | | | |

图 4-18　学生成绩

| | A | B | C | D |
|---|---|---|---|---|
| 1 | 序号 | 身份证号 | 姓名 | 联系电话 |
| 2 | 1 | 370183199902095747 | 王和壮 | 18297610201 |
| 3 | 2 | 370183199702041511 | 许浩然 | 15906930202 |
| 4 | 3 | 370183199902082129 | 张倩倩 | 13254634703 |
| 5 | 4 | 370284199803290540 | 张如豹 | 15965867404 |
| 6 | 5 | 370281199811285369 | 王玉馨 | 13680758005 |
| 7 | 6 | 370281199905253635 | 龙雨凤 | 15975442706 |
| 8 | 7 | 37038219990319672X | 张湖冲 | 13565108507 |
| 9 | 8 | 370323199804294649 | 赵文娟 | 18053167508 |
| 10 | 9 | 370383199803186520 | 刘冉涛 | 15906928609 |
| 11 | 10 | 370385199812196018 | 陈名帅 | 15906928610 |

图 4-19　学生信息

| | A | B | C | D | E | F | G | H | I | J | K | L | M |
|---|---|---|---|---|---|---|---|---|---|---|---|---|---|
| 1 | 学号 | 身份证号 | 姓名 | 性别 | 出生日期 | 年龄（按出生年） | 年龄（按出生日期） | 平时成绩 | 期末成绩 | 学期成绩 | 名次 | 是否优秀 | 班级 |
| 2 | C160101 | 370183199902095747 | 王和壮 | 女 | 1999年02月09日 | 22 | 22 | 97 | 99 | 98 | 1 | 优秀 | 护理一班 |
| 3 | C160102 | 370183199702041511 | 许浩然 | 男 | 1997年02月04日 | 24 | 24 | 89 | 92 | 90.5 | 3 | 优秀 | 护理一班 |
| 4 | C160103 | 370183199902082129 | 张倩倩 | 女 | 1999年02月08日 | 22 | 22 | 98 | 95 | 96.5 | 2 | 优秀 | 护理一班 |
| 5 | C160104 | 370284199803290540 | 张如豹 | 男 | 1998年03月29日 | 23 | 23 | 85 | 80 | 82.5 | 6 | 不优秀 | 护理一班 |
| 6 | C160201 | 370281199811285369 | 王玉馨 | 女 | 1998年11月28日 | 23 | 23 | 80 | 82 | 81 | 8 | 不优秀 | 护理二班 |
| 7 | C160202 | 370281199905253635 | 龙雨凤 | 男 | 1999年05月25日 | 22 | 22 | 81 | 83 | 82 | 7 | 不优秀 | 护理二班 |
| 8 | C160203 | 37038219990319672X | 张湖冲 | 女 | 1999年03月19日 | 22 | 22 | 87 | 90 | 88.5 | 4 | 优秀 | 护理二班 |
| 9 | C160301 | 370323199804294649 | 赵文娟 | 女 | 1998年04月29日 | 23 | 23 | 82 | 80 | 81 | 8 | 不优秀 | 护理三班 |
| 10 | C160302 | 370383199803186520 | 刘冉涛 | 女 | 1998年03月18日 | 23 | 23 | 83 | 85 | 84 | 5 | 不优秀 | 护理三班 |
| 11 | C160303 | 370385199812196018 | 陈名帅 | 男 | 1998年12月19日 | 23 | 22 | 75 | 80 | 77.5 | 10 | 不优秀 | 护理三班 |
| 12 | 总人数 | | 10 | | | | | | | | | | |
| 13 | 男生人数 | | 3 | | | | | | | | | | |
| 14 | 平均成绩 | | | | | | | | | 86.15 | | | |
| 15 | 总成绩 | | | | | | | | | 861.5 | | | |
| 16 | 最高分 | | | | | | | | | 98 | | | |
| 17 | 最低分 | | | | | | | | | 77.5 | | | |

图 4-20　填充结果

**2. 案例实施**

（1）从学生信息表中依据身份证号查询姓名并填充姓名列。

使用 VLOOKUP() 进行填充，注意表区域要使用绝对引用。以 C2 为例，输入：=VLOOKUP(B2,学生信息!$B$1:$C$11,2,0)。

（2）依据身份证号得出性别并填充性别列（身份证号第 17 位为奇数则为男，偶数则为女）。

使用 MID() 取出第 17 位数，再使用 MOD() 求出奇偶，最后使用 IF() 判断。以 D2 为例，输入：=IF(MOD(MID(B2,17,1),2)=0,"女","男")。

（3）依据身份证号得出出生日期并填充出生日期列（身份证号第 7～10 位代表年，第 11、12 位代表月，第 13、14 位代表日）。

使用 MID() 取出年月日用 "&" 符号拼接字符串。以 E2 为例，输入：=MID(B2,7,4)& "年"&MID(B2,11,2)&"月"&MID(B2,13,2)&"日"。

案例解析步骤
（1）～（3）

案例解析步骤
（4）～（8）

（4）按出生年求出年龄并填充年龄列。

使用 TODAY() 计算当前日期，然后使用 YEAR() 取年。以 F2 为例，输入：=YEAR(TODAY())−YEAR(E2)。

（5）按出生日期求出年龄并填充年龄列。

使用 TODAY() 计算出当前日期−出生日期，然后除以一年的总天数，最后使用 INT() 向下取整，注意将 G 列设置为不带小数点的数值格式。以 G2 为例，输入：=INT((TODAY()−E2)/365)。

案例解析步骤
（9）～（10）

（6）按照"学期成绩=50%*平时成绩+50%*期末成绩"填充学期成绩列。

使用数学公式计算。以 J2 为例，输入：=0.5*H2+0.5*I2。

（7）按照学期成绩由高到低填充名次列。

使用 RANK.EQ() 函数，注意表区域要使用绝对引用。以 K2 为例，输入：=RANK.EQ(J2,$J$2:$J$11,0)。

（8）按照"学期成绩＞=85 分为优秀"填充是否优秀列。

使用 IF() 函数。以 L2 为例，输入：=IF(J2>85,"优秀","非优秀")。

（9）学号第 4 位和第 5 位代表班级。按照"01"代表护理一班，"02"代表护理二班，"03"代表护理三班填充班级列。

使用 IF() 函数嵌套。以 M2 为例，输入：=IF(MID(A2,4,2)="01", "护理一班", IF(MID(A2,4,2)="02","护理二班","护理三班"))。

（10）利用公式 COUNT()、COUNTIFS()、AVERAGE()、SUM()、MAX()、MIN() 分别计算总人数、男生人数、学期成绩的平均成绩、学期成绩的总成绩、学期成绩的最高分和最低分。

总人数使用 COUNT()，注意该函数所选择区域为数值型数据。以 D12 为例=COUNT(G2:G11)。

男生人数统计使用 COUNTIFS() 函数。以 D13 为例，输入：=COUNTIFS(D2:D11,D3)。

学期成绩平均成绩计算使用 AVERAGE() 函数。以 J14 为例，输入：=AVERAGE(J2:J11)。

学期成绩总成绩计算使用 SUM() 函数。以 J15 为例，输入：=SUM(J2:J11)。

学期成绩最高分统计使用 MAX() 函数。以 J16 为例，输入：=MAX(J2:J11)。

学期成绩最低分统计使用 MIN() 函数。以 J17 为例，输入：=MIN(J2:J11)。

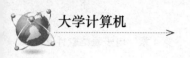

# 4.3 数据管理

## 4.3.1 外部数据导入

众所周知，Excel 具有强大的数据处理功能，但是当数据源是文本中的数据、网页中的数据、数据库中的数据时，我们应该如何处理呢？

以 Excel 2016 为例，在数据选项卡下面有一个获取外部数据的模块，可以通过该模块获取来自文本、网页和数据库中的数据。

例如，在 Excel 中导入学生档案，档案信息在学生档案.txt 文件中。学生档案信息如图 4-21 所示。

学生档案.txt - 记事本

文件(F) 编辑(E) 格式(O) 查看(V) 帮助(H)

| 学号姓名 | 身份证号码 | 性别 | 出生日期 | 年龄 | 籍贯 |
|---|---|---|---|---|---|
| C121417马小军 | 110101200001051054 | | | | 湖北 |
| C121301曾令铨 | 110102199812191513 | | | | 北京 |
| C121201张国强 | 110102199903292713 | | | | 北京 |
| C121424孙令煊 | 110102199904271532 | | | | 北京 |
| C121404江晓勇 | 110102199905240451 | | | | 山西 |
| C121001吴小飞 | 110102199905281913 | | | | 北京 |
| C121422姚南 | 110103199903040920 | | | | 北京 |
| C121425杜学江 | 110103199903270623 | | | | 北京 |
| C121401宋子丹 | 110103199904290936 | | | | 北京 |
| C121439吕文伟 | 110103199908171548 | | | | 湖南 |
| C120802符坚 | 110104199810261737 | | | | 山西 |
| C121411张杰 | 110104199903051216 | | | | 北京 |
| C120901谢如雪 | 110105199807142140 | | | | 北京 |
| C121440方天宇 | 110105199810054517 | | | | 河北 |
| C121413莫一明 | 110105199810212519 | | | | 北京 |
| C121423徐霞客 | 110105199811111135 | | | | 北京 |
| C121432孙玉敏 | 110105199906036123 | | | | 山东 |
| C121101徐鹏飞 | 110106199903293913 | | | | 陕西 |
| C121403张雄杰 | 110106199905133052 | | | | 北京 |

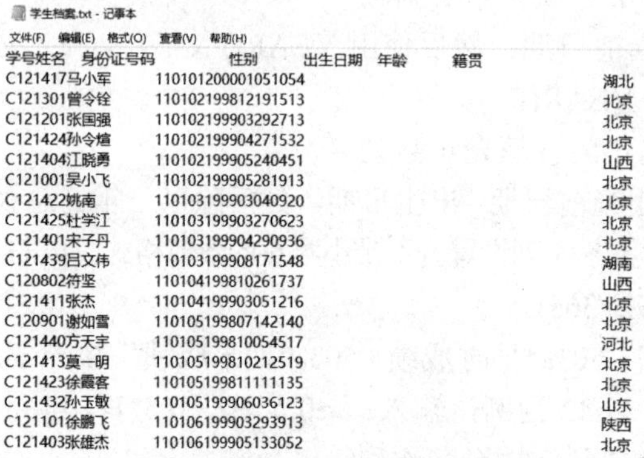

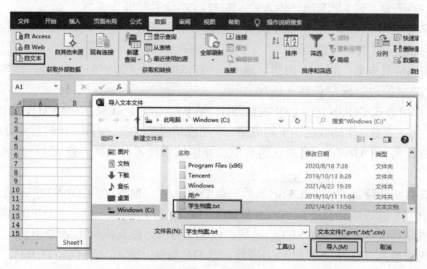

图 4-21 学生档案信息

在工作簿中，选择工作表 Sheet1，选择 A1 单元格（以 A1 单元格为例），按图 4-22 所示依次选择“数据”选项卡→“自文本”，再选择路径，选择文件，然后单击“导入”按钮。

图 4-22 导入文本文件

　　弹出文本导入向导对话框，分三步即可完成数据导入。如图 4-23、图 4-24、图 4-25 所示。

　　第一步，注意选择文件原始格式为简体中文（GB2312）。

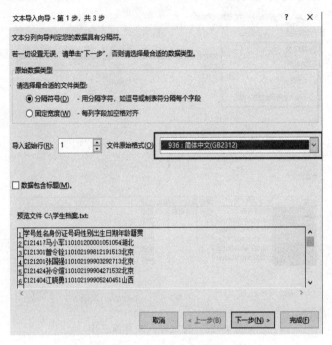

图 4-23　文本导入向导第一步

　　第二步，分隔符号需要根据文本中内容的分割情况选择"Tab"键、分号、逗号、空格。

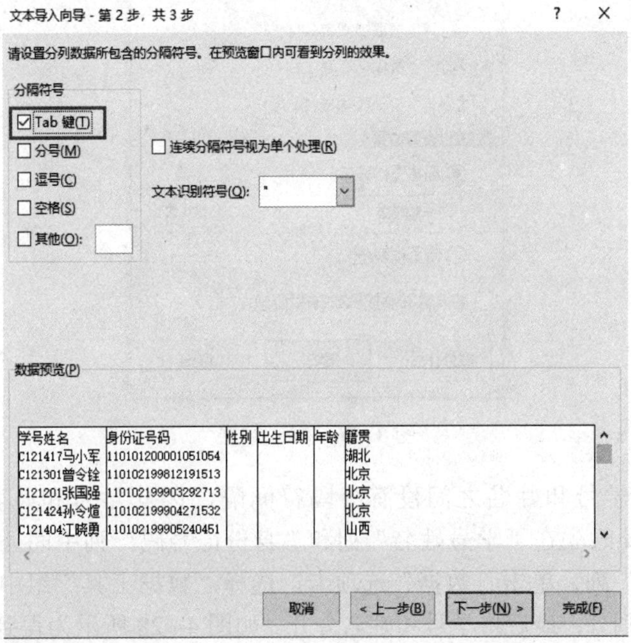

图 4-24　文本导入向导第二步

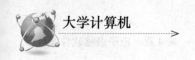

第三步，选择分割后每一列的数据格式。接下来选择数据的放置位置即可完成数据的导入，如图4-26所示。

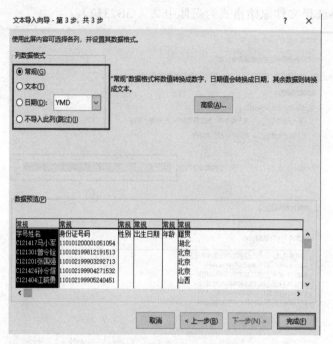

图4-25 文本导入向导第三步

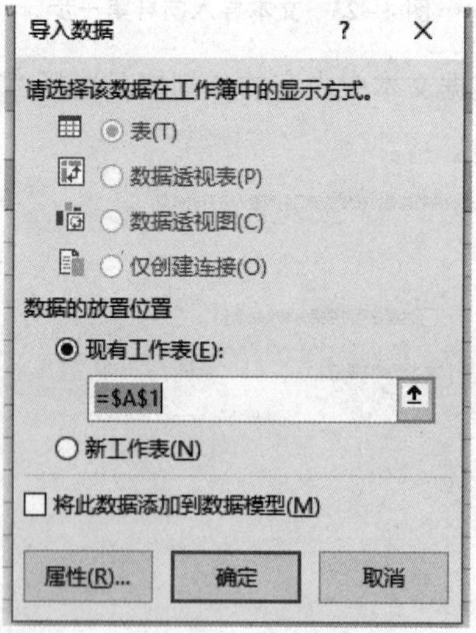

图4-26 导入数据

由于数据源中学号和姓名之间没有分隔符间隔，因此学号和姓名是连在一起的，如图4-27所示。此时先在"学号姓名"列和"身份证号码"列中间插入一个空白列；然后选中"学号姓名"列，单击"数据"选项卡，选择"数据工具"组中的"分列"命令即可实现数据的二次划分；最后将学号和姓名分开。如图4-28所示为得到的学生档案表最终结果。

| | A | B | C | D | E | F |
|---|---|---|---|---|---|---|
| 1 | 学号姓名 | 身份证号码 | 性别 | 出生日期 | 年龄 | 籍贯 |
| 2 | C121417马小军 | 110101200001051054 | | | | 湖北 |
| 3 | C121301曾令铨 | 110102199812191513 | | | | 北京 |
| 4 | C121201张国强 | 110102199903292713 | | | | 北京 |
| 5 | C121424孙令煊 | 110102199904271532 | | | | 北京 |
| 6 | C121404江晓勇 | 110102199905240451 | | | | 山西 |
| 7 | C121001吴小飞 | 110102199905281913 | | | | 北京 |
| 8 | C121422姚南 | 110103199903040920 | | | | 北京 |
| 9 | C121425杜学江 | 110103199903270623 | | | | 北京 |
| 10 | C121401宋子丹 | 110103199904290936 | | | | 北京 |
| 11 | C121439吕文伟 | 110103199908171548 | | | | 湖南 |
| 12 | C120802符坚 | 110104199810261737 | | | | 山西 |
| 13 | C121411张杰 | 110104199903051216 | | | | 北京 |
| 14 | C120901谢如雪 | 110105199807142140 | | | | 北京 |

图 4-27　导入数据结果

| | A | B | C | D | E | F | G |
|---|---|---|---|---|---|---|---|
| 1 | 学号 | 姓名 | 身份证号码 | 性别 | 出生日期 | 年龄 | 籍贯 |
| 2 | C121417 | 马小军 | 110101200001051054 | | | | 湖北 |
| 3 | C121301 | 曾令铨 | 110102199812191513 | | | | 北京 |
| 4 | C121201 | 张国强 | 110102199903292713 | | | | 北京 |
| 5 | C121424 | 孙令煊 | 110102199904271532 | | | | 北京 |
| 6 | C121404 | 江晓勇 | 110102199905240451 | | | | 山西 |
| 7 | C121001 | 吴小飞 | 110102199905281913 | | | | 北京 |
| 8 | C121422 | 姚南 | 110103199903040920 | | | | 北京 |
| 9 | C121425 | 杜学江 | 110103199903270623 | | | | 北京 |
| 10 | C121401 | 宋子丹 | 110103199904290936 | | | | 北京 |
| 11 | C121439 | 吕文伟 | 110103199908171548 | | | | 湖南 |
| 12 | C120802 | 符坚 | 110104199810261737 | | | | 山西 |
| 13 | C121411 | 张杰 | 110104199903051216 | | | | 北京 |
| 14 | C120901 | 谢如雪 | 110105199807142140 | | | | 北京 |

图 4-28　学生档案表

### 4.3.2　数据排序、筛选

**1. 排序**

Excel 中可以按字母、数字或者日期等数据类型进行排序，排序分升序和降序两种方式。可以按一个关键字，也可以按多个关键字排序。例如将上节中学生档案表按照学号升序排列。

选中要排序的数据区域，选择"数据"选项卡下"排序和筛选"组的"排序"命令，弹出"排序"对话框，如图 4-29 所示，选中"数据包含标题"复选框，"主要关键字"选为

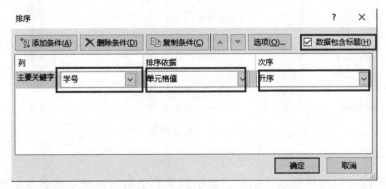

图 4-29　"排序"对话框

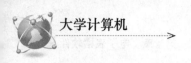

"学号"列,"排序依据"选为"单元格值","次序"选为"升序",然后单击"确定"按钮完成排序。排序结果如图4-30所示。

| | A | B | C | D | E | F | G |
|---|---|---|---|---|---|---|---|
| 1 | 学号 | 姓名 | 身份证号码 | 性别 | 出生日期 | 年龄 | 籍贯 |
| 2 | C120801 | 白宏伟 | 110101991981 0240031 | | | | 四川 |
| 3 | C120802 | 符坚 | 110104199810261737 | | | | 山西 |
| 4 | C120901 | 谢如雪 | 110105199807142140 | | | | 北京 |
| 5 | C121001 | 吴小飞 | 110102199905281913 | | | | 北京 |
| 6 | C121002 | 毛兰儿 | 110109199008070328 | | | | 安徽 |
| 7 | C121003 | 苏三强 | 110107199904230930 | | | | 河南 |
| 8 | C121101 | 徐鹏飞 | 110106199903293913 | | | | 陕西 |
| 9 | C121201 | 张国强 | 110102199903292713 | | | | 北京 |
| 10 | C121301 | 曾令铨 | 110102199812191513 | | | | 北京 |

图4-30　排序结果

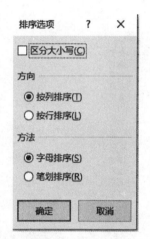

图4-31　排序选项

注:图4-29所示"排序"对话框中的"添加条件"是指增加一个次要关键字条件,"删除条件"是指删除一个筛选条件,"复制条件"是指复制一个条件,"选项"会设置排序的选项,如是否区分大小写、排序方向、排序方法等,如图4-31所示。

**2. 筛选**

筛选是根据给定条件,从表格中找出并显示满足条件的记录,不满足条件的记录被隐藏。Excel筛选分为自动筛选和高级筛选。与排序不同的是,筛选并不重排清单,只是暂时隐藏不必要显示的行。

**1)自动筛选**

例如筛选出学生档案表中"籍贯"是"北京"、"性别"为"男"的学生。先利用公式填充"性别"列。选择"数据"选项卡下"排序和筛选"组的"筛选"命令,然后对"性别"选择"男","籍贯"选择"北京",筛选结果如图4-32所示。

| | A | B | C | D | E | F | G |
|---|---|---|---|---|---|---|---|
| 1 | 学号 | 姓名 | 身份证号码 | 性别 | 出生日期 | 年龄 | 籍贯 |
| 5 | C121001 | 吴小飞 | 110102199905281913 | 男 | | | 北京 |
| 9 | C121201 | 张国强 | 110102199903292713 | 男 | | | 北京 |
| 10 | C121301 | 曾令铨 | 110102199812191513 | 男 | | | 北京 |
| 13 | C121401 | 宋子丹 | 110103199904290936 | 男 | | | 北京 |
| 15 | C121403 | 张雄杰 | 110106199905133052 | 男 | | | 北京 |
| 22 | C121411 | 张杰 | 110104199903051216 | 男 | | | 北京 |
| 25 | C121413 | 莫一明 | 110105199810212519 | 男 | | | 北京 |
| 27 | C121415 | 侯登科 | 110221200002048335 | 男 | | | 北京 |
| 28 | C121416 | 宋子文 | 110226199912240017 | 男 | | | 北京 |
| 35 | C121423 | 徐霞客 | 110105199811111135 | 男 | | | 北京 |
| 36 | C121424 | 孙令煊 | 110102199904271532 | 男 | | | 北京 |
| 41 | C121429 | 张国强 | 110226199912221659 | 男 | | | 北京 |
| 43 | C121431 | 张鹏举 | 110229199909011331 | 男 | | | 北京 |
| 47 | C121435 | 倪冬声 | 110224199907042031 | 男 | | | 北京 |
| 50 | C121438 | 钱飞虎 | 110226199908090053 | 男 | | | 北京 |
| 54 | C121442 | 习志敏 | 110223199910136635 | 男 | | | 北京 |

图4-32　筛选结果

**2)高级筛选**

通过高级筛选可以将符合条件的数据显示到原有的数据区域中或者复制到当前工作表的其他位置。

例如，筛选出学生档案表中"籍贯"是"北京"、"性别"是"男"和"籍贯"是"安徽"、"性别"是"女"的学生，并把筛选结果放到该表中的空白处。

按照要求应该先书写条件区域，如图 4-33 所示，条件区域由字段名和若干条件行组成。其中字段名必须和表格中的列名字一致，同一行中不同单元格关系是"与"的逻辑关系，条件行之间是"或"的逻辑关系。

| 籍贯 | 性别 |
| --- | --- |
| 北京 | 男 |
| 安徽 | 女 |

图 4-33　筛选条件

设置完条件区域后，在"数据"选项卡下"排序和筛选"组，选择"高级"排序功能，弹出"高级筛选"对话框，如图 4-34 所示，选择显示方式，选择要筛选的列表区域和条件区域，然后单击"确定"按钮即可。

如果选中了"在原有区域显示筛选结果"单选按钮后要取消高级筛选并将内容再次全部显示出来，则选择"数据"选项卡下的"排序和筛选"组中的"清除"功能即可。

注：当数据比较多时，可以使用"视图"选项卡下的"冻结窗格"中的"冻结首行""冻结首列"的功能，方便数据的查看。

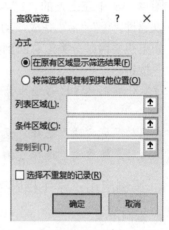

图 4-34　"高级筛选"对话框

### 4.3.3　分类汇总

Excel 中的分类汇总功能是把数据清单中的数据分门别类地统计处理，不需要用户自己建立公式，Excel 会自动对各类别的数据进行求和、求平均等多种计算，并把汇总结果以"分类汇总"和"总计"显示出来。

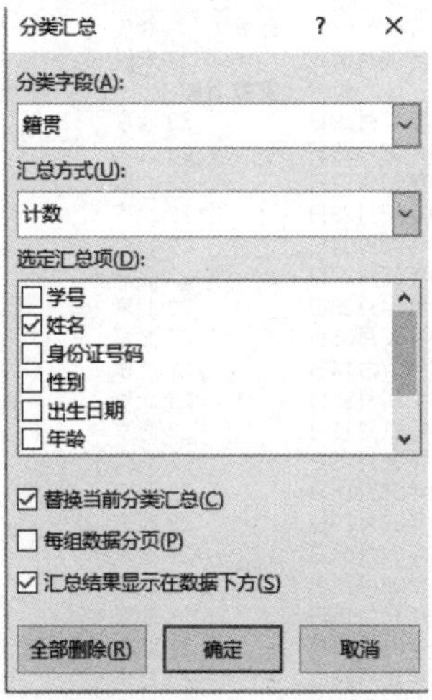

例如，将学生档案表按照籍贯进行分类汇总，求出每个地区的学生人数。

求解过程：首先，确保要进行分类汇总的表是普通区域；其次，按照"籍贯"排序；再次，选中要分类汇总的区域，在"数据"选项卡下的"分级显示"组，选择"分类汇总"功能，弹出"分类汇总"对话框，如图 4-35 所示，按照要求，"分类字段"为"籍贯"，"汇总方式"为"计数"，"选定汇总项"为"姓名"，然后单击"确定"按钮即完成分类汇总，得到如图 4-36 所示的结果。

图 4-35　"分类汇总"对话框

| 1 2 3 | | A | B | C | D | E | F | G |
|---|---|---|---|---|---|---|---|---|
| | 1 | 学号 | 姓名 | 身份证号码 | 性别 | 出生日期 | 年龄 | 籍贯 |
| + | 3 | | 1 | | | | | 安徽 计数 |
| + | 35 | | 31 | | | | | 北京 计数 |
| + | 37 | | 1 | | | | | 贵州 计数 |
| + | 41 | | 3 | | | | | 河北 计数 |
| + | 44 | | 2 | | | | | 河南 计数 |
| + | 47 | | 2 | | | | | 湖北 计数 |
| + | 50 | | 2 | | | | | 湖南 计数 |
| + | 52 | | 1 | | | | | 吉林 计数 |
| + | 55 | | 2 | | | | | 山东 计数 |
| + | 60 | | 4 | | | | | 山西 计数 |
| + | 62 | | 1 | | | | | 陕西 计数 |
| + | 64 | | 1 | | | | | 四川 计数 |
| + | 67 | | 2 | | | | | 天津 计数 |
| + | 70 | | 2 | | | | | 云南 计数 |
| − | 71 | | 55 | | | | | 总计数 |

图 4-36  分类汇总结果

图 4-36 中左上方的 "1" "2" "3" 按钮可以控制显示或者隐藏某一级别的详细数据，也可以通过 "+" "−" 完成该功能。

如果想要清楚分类汇总回到数据的初始状态，可以单击 "分类汇总" 对话框中的 "全部删除" 按钮。

注：分类汇总区域必须为普通区域，表格不能分类汇总；如果是表格，应先将表格转换成区域。

表格转区域方法：选择 "设计" 选项卡，单击 "工具" 组中的 "转换为区域"。

区域转表格方法：选择 "插入" 选项卡，单击 "表格" 组中的 "表格功能"。

### 4.3.4  案例应用：学生档案表

**1. 案例描述**

根据要求完成学生档案工作表的制作。将位于 C 盘根目录下的 "学生档案.txt" 文件导入 Excel 中，根据身份证号求出学生性别、出生日期、年龄。并根据籍贯进行分类汇总，求出各个地区的学生人数。填充结果如图 4-37 所示。

| 1 2 3 | | A | B | C | D | E | F | G |
|---|---|---|---|---|---|---|---|---|
| | 1 | 学号 | 姓名 | 身份证号码 | 性别 | 出生日期 | 年龄 | 籍贯 |
| | 2 | C121002 | 毛兰儿 | 110109199908070328 | 女 | 1999年08月07日 | 22 | 安徽 |
| − | 3 | | | | | | 安徽 计数 | 1 |
| | 4 | C121301 | 曾令铨 | 110102199812191513 | 男 | 1998年12月19日 | 23 | 北京 |
| | 5 | C121201 | 张国强 | 110102199903292713 | 男 | 1999年03月29日 | 22 | 北京 |
| | 6 | C121424 | 孙令煊 | 110102199904271532 | 男 | 1999年04月27日 | 22 | 北京 |
| | 7 | C121001 | 吴小飞 | 110102199905281913 | 男 | 1999年05月28日 | 22 | 北京 |
| | 8 | C121422 | 姚南 | 110103199903040920 | 女 | 1999年03月04日 | 22 | 北京 |
| | 9 | C121425 | 杜学江 | 110103199903270623 | 女 | 1999年03月27日 | 22 | 北京 |
| | 10 | C121401 | 宋子丹 | 110103199904290936 | 男 | 1999年04月29日 | 22 | 北京 |
| | 11 | C121411 | 张杰 | 110104199903051216 | 男 | 1999年03月05日 | 22 | 北京 |
| | 12 | C120901 | 谢如雪 | 110105199807142140 | 女 | 1998年07月14日 | 23 | 北京 |
| | 13 | C121413 | 莫一明 | 110105199810212519 | 男 | 1998年10月21日 | 23 | 北京 |
| | 14 | C121423 | 徐霞客 | 110105199811111135 | 男 | 1998年11月11日 | 23 | 北京 |
| | 15 | C121403 | 张雄杰 | 110106199905133052 | 男 | 1999年05月13日 | 22 | 北京 |
| | 16 | C121405 | 齐小娟 | 110111199906163022 | 女 | 1999年06月16日 | 22 | 北京 |
| | 17 | C121414 | 郭晶晶 | 110221199909293625 | 女 | 1999年09月29日 | 22 | 北京 |
| | 18 | C121415 | 侯登科 | 110221200002048335 | 男 | 2000年02月04日 | 21 | 北京 |
| | 19 | C121402 | 郑菁华 | 110223199906235661 | 女 | 1999年06月23日 | 22 | 北京 |
| | 20 | C121442 | 习志敏 | 110223199910136635 | 男 | 1999年10月13日 | 22 | 北京 |
| | 21 | C121434 | 李春娜 | 110223200001116380 | 女 | 2000年01月11日 | 21 | 北京 |
| | 22 | C121441 | 郎润 | 110224199810234821 | 女 | 1998年10月23日 | 23 | 北京 |
| | 23 | C121435 | 倪冬声 | 110224199907042031 | 男 | 1999年07月04日 | 22 | 北京 |

图 4-37  填充结果

**2. 案例实施**

分析过程和结果如下：

（1）按照要求先将学生档案信息导入 Excel 中，具体参照 4.3.1 节内容。

（2）利用公式求出性别、出生日期、年龄。

（3）按照籍贯进行排序。

（4）按照籍贯进行分类汇总。

案例解析

# 4.4　图表与页面设置

## 4.4.1　图表及其格式化

图表就是用图形的形式将单元格或单元格区域中的各种统计数据直观显示出来。创建图表后，图表和建立图表的数据就建立了动态链接关系，当工作表中的数据发生变化时，图表中对应项的数据也自动发生相应变化。反之，图表中的数据发生变化，工作表中的数据也发生相应变化。

一个完整的图表由多个部分组成，这些组成元素主要由图表区、图表标题、图例、绘图区、数据系列、数据标签、坐标轴和网格线等构成。

① 图表区：主要有图表标题、图例、绘图区三大部分。

② 图表标题：用于表明图表的作用，以文本框的形式显示在绘图区上方。

③ 图例：用于显示各个系列代表的内容，默认显示在绘图区的右侧。

④ 绘图区：主要由数据系列、数据标签、坐标轴、坐标轴标题、网格线组成。

⑤ 数据系列：对应工作表中的一行或一列数据。

⑥ 数据标签：对应显示数据系列的实际值。

⑦ 坐标轴：按位置可分为主坐标轴和次坐标轴。

⑧ 网格线：用于显示各数据点的具体位置。

**1. 创建图表**

创建图表时，首先要选定数据区域，当需要多个数据区域时可按住"Ctrl"键加选，如图 4-38 所示。先选定数据区域 B1:E1，再按住"Ctrl"键不放，依次加选 B6:E6、B13:E13、B19:E19、B24:E24。

选择"插入"选项卡→"图表"组→"柱状图"→"二维柱形图"→"簇状柱形图"，或选择"插入"选项卡→"图表"组→"其他图表"→"所有图表类型(A)..."，打开"插入图表"对话框，选择簇状柱形图，结果如图 4-39 所示。

**2. 编辑图表**

建立图表后，用户可以对它进行修改，如改变图表类型、图表样式、添加标题、图表刻度、趋势线等。

1）改变图表的类型

选中需要修改图表类型的数据，右键单击选择快捷菜单中的"更改图表类型"命令，或者在"设计"选项卡中的"类型"组，选择"更改图表类型"命令，弹出"更改图表类型"

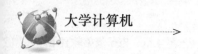

对话框，然后选择所需的图表即可，如图 4-40 所示。

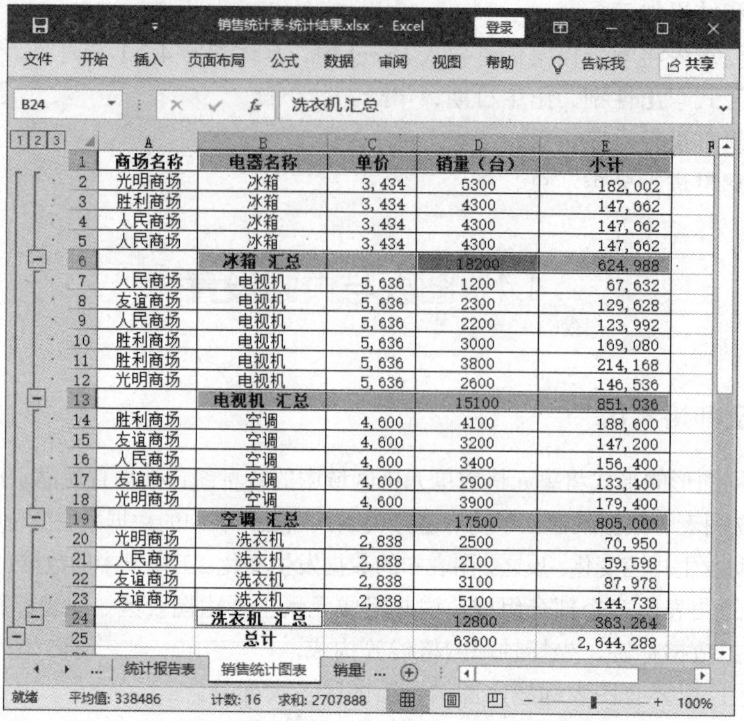

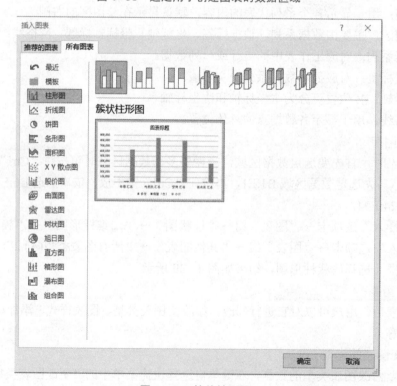

图 4-38　选定用于创建图表的数据区域

图 4-39　簇状柱形图

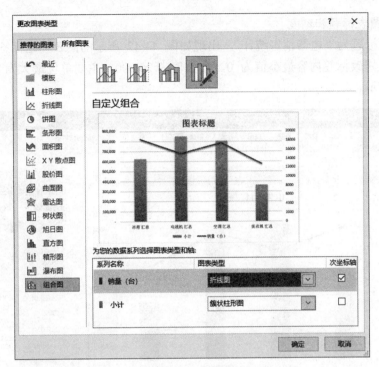

图 4-40　更改图表类型

2）改变图表数据系列格式和样式

右键单击红色的折线图，在快捷菜单中选择设置数据系列格式为"次坐标轴"，在"设计"选项卡中"图表样式"组，选择所需的图表样式即可。数据系列格式与样式如图 4-41 所示。

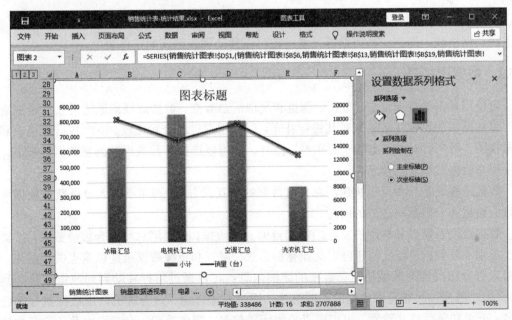

图 4-41　数据系列格式与样式

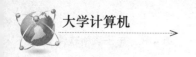

3）修改图表标题和刻度

修改图表标题为"电器销售统计"，出现如图 4-42 所示的图表标题标签，然后选定次坐标轴标签，修改标签内容最小值为 0，最大值为 20 000，主要单位最大为 2 000，刻度线类型为外部显示。

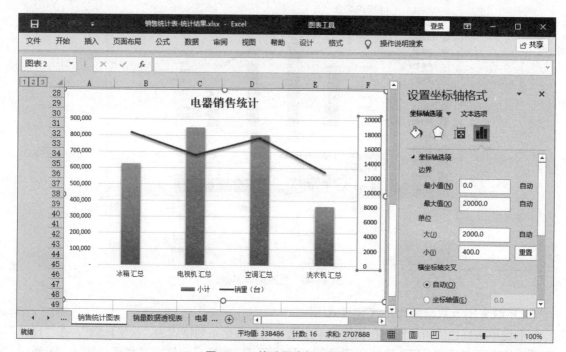

图 4-42　修改图表标题和刻度

此外，可以为图表添加图表元素，如坐标轴、轴标题、图表标题、数据标签、数据表、误差线、网格线、图例、趋势线等元素，还可以移动图表到新的工作表中。

## 4.4.2　数据透视表

可使用数据透视表汇总、分析、浏览和呈现汇总数据。数据透视图通过对数据透视表中的汇总数据添加可视化效果来对其进行补充，以便用户轻松查看比较。借助数据透视表和数据透视图，用户可对关键数据一目了然。此外，还可以连接外部数据源创建数据透视表，或使用现有数据透视表创建新表。

数据透视表是一种可以快速汇总大量数据的交互式方法。可用于深入分析数值数据和回答有关数据的一些预料之外的问题。

数据透视表能以多种用户友好的方式查询大量数据；分类汇总和聚合数值数据，按类别和子类别汇总数据，以及创建自定义计算和公式；展开和折叠数据级别以重点关注结果，以及深入查看感兴趣的区域的汇总数据的详细信息；可以通过将行移动到列或将列移动到行（也称为"透视"），查看源数据的不同汇总。通过对最有用、最有趣的一组数据执行筛选、排序、分组和条件格式设置，可以重点关注所需信息；提供简明、有吸引力并且带有批注的联机报表或打印报表。

**1. 创建数据透视表**

以数据透视表的形式统计各个商场各类电器的销量,设置相应的数字格式、套用表格格式,放置到"销量数据透视表"中,如图 4-43 所示。

图 4-43 销量数据透视表

**2. 筛选数据透视表**

以数据透视表的形式分别筛选出各类电器的销量和销售额,并放置到"电器数据透视表"新工作表中,如图 4-44 所示。

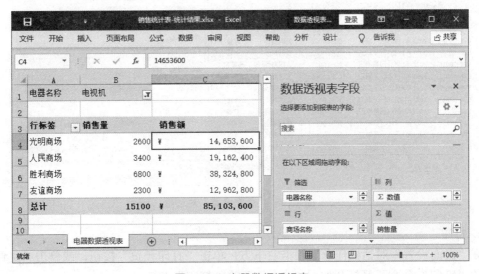

图 4-44 电器数据透视表

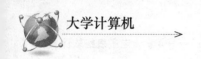

### 4.4.3 页面设置与打印

工作表编辑完成后，如果已经连接了打印机，可以将工作表打印出来，通常在打印前要进行页面设置，主要包括页面方向、缩放及纸张大小、页边距、页眉/页脚、打印区域等，使用"打印预览"功能可预览打印效果，直至调整到满意效果。

**1. 页面设置**

选择"页面布局"选项卡，单击"页面设置"右下角的对话框启动器，弹出如图 4-45 所示的"页面设置"对话框。

（1）在"页面"选项卡下可以设置方向、缩放及纸张大小等；

（2）在"页边距"选项卡下可以设置页面四个边界距离、页眉和页脚的上下边距、居中方式等；

（3）在"页眉/页脚"选项卡下可以设置页眉及页脚的内容，也可以自定义页眉和页脚内容；

（4）在"工作表"选项卡下可以设置打印区域、打印标题、打印行号和列标、打印顺序等。

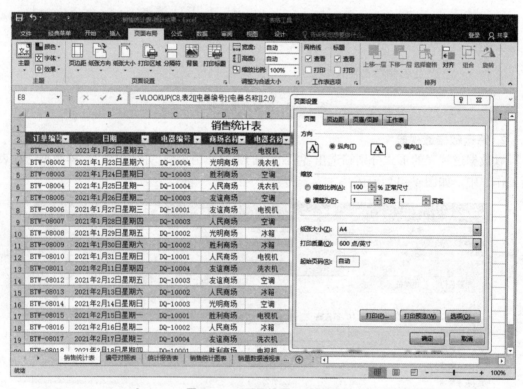

图 4-45 "页面设置"对话框

**2. 打印**

在"页面设置"对话框任意选项卡右下方，单击"打印预览"按钮，或单击"文件"菜单下的"打印"命令即可打开如图 4-46 所示的"打印"窗口。

在"打印"窗口中可设置打印份数，选择打印机，设置"打印活动工作表""打印整个工作簿"或"打印选定区域"。如果先设置了打印区域，当选择"打印活动工作表""打印整个工作簿"时，"忽略打印区域"可有效使用；如果选择"打印选定区域"时，"忽略打印区域"复选框变成灰白色不可用状态。页数上可输入要打印的页码范围。方向、纸张大小及缩放的设置可通过"打印"窗口设置，也可通过"页面设置"对话框中"页面"选项卡设置。页边距的设置可通过"打印"窗口设置，也可在"页边距"选项卡中设置。

若打印的内容超过一页，单击左右三角按钮可以前后翻页。

显示边距、缩放至页面：单击即可显示页边距、缩小或放大页面。

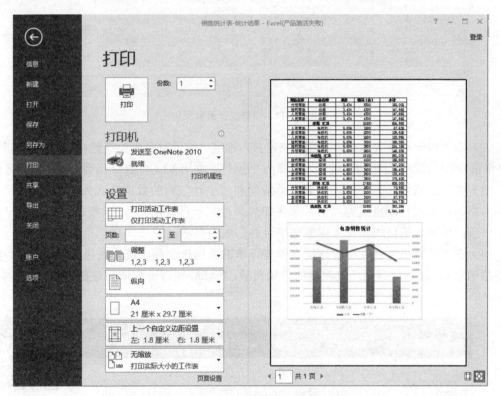

图 4-46　"打印"窗口

## 4.4.4　案例应用：销售统计表

**1. 案例描述**

大学生小王毕业后，在一家电器销售公司担任市场部助理，主要职责是为经理提供电器销售统计信息，根据要求完成电器销售数据的统计分析工作。

**2. 案例实施**

（1）将原有的"销售统计表–素材"另存为"销售统计表–统计结果"，基于此文件完成以下操作。销售统计表效果如图 4-47 所示。

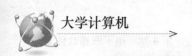

图 4-47　销售统计表效果

（2）在"销售统计表"中，套用表格格式，根据"编号对照表"找到相应的"电器名称"和"单价"信息，并进行销售额统计，计算出"小计"。利用 VLOOKUP 函数查找"电器名称"。

（3）在"销售统计表"中，设置"单价"和"小计"列的数据格式为"会计专用"（人民币）格式，设置日期格式为"××××年××月××日星期×"。调整单元格宽度与内容大小一致，使得"销售统计表"标题文字合并后居中显示。

（4）在"统计报告表"中统计所有销售订单的总销售金额，统计人民商场在 2021 年 1 月的总销售额，统计所有商场电视机的总销售额，统计胜利商场空调的总销售额，如图 4-48 所示。

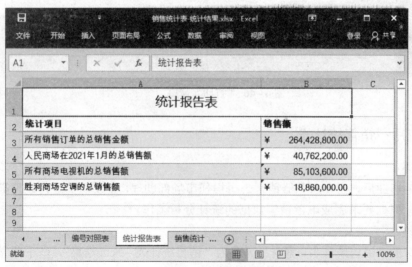

图 4-48　统计报告表效果

（5）根据"销售统计表"，复制"商场名称""电器名称""单价""销量（台）""小计"字段值，并以"值与数字格式"的格式放置到"销售统计图表"新工作表中。分类汇总各类电器的销量和销售额。

（6）根据各类电器的销量和销售额分类汇总结果，以图表的形式统计各类电器的销量和销售额，更改"销量（台）"为次坐标且图表类型为"折线图"，放置到"销售统计图表"工作表 A28:F46 中，如图 4−49 所示。

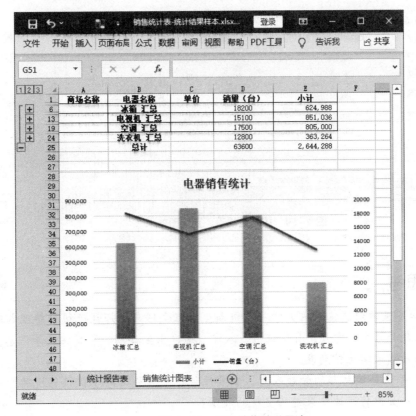

4.4.4 案例应用-
销售统计表 −
步骤 5~6

图 4−49　电器销售统计图表

（7）以数据透视表的形式统计各个商场各类电器的销量，设置相应的数字格式、套用表格格式，放置到"销量数据透视表"中。为该表数据在最后一列添加迷你图，如图 4−50 所示。

注：插入迷你图时，先选择数据区域，再选择迷你图的位置。

（8）以数据透视表的形式分别筛选出各类电器的销量和销售额，并放置于"电器数据透视表"新工作表中。

（9）将"统计报告表""销量数据透视表"和"销售统计图表"打印输出。

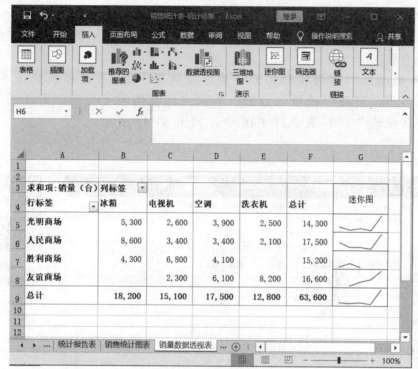

4.4.4 案例应用-
销售统计表 -
步骤7~9

图4-50 数据透视表、迷你图效果

**思考**

1. 夏薇同学是医学影像技术班大学一年级新生，班主任李老师让她帮忙整理本班同学的信息表，要求包含姓名、学号、身份证号、入学成绩、出生日期、家庭住址等信息，设计并制作一个影像技术班学生信息表。

2. 李爽是某手机企业总部的管理人员，需要统计各个分公司的手机销售情况，请问如何进行数据统计？如何将统计结果进行直观的展示？

# 第 5 章　演示文稿软件

**学习目标**

- 了解演示文稿的基本功能和应用。
- 熟悉演示文稿的创建、幻灯片版式调整、幻灯片编辑等基本操作。
- 掌握常用视图模式的用法，主题、背景等美化设计以及声音等对象的插入与编辑。
- 掌握幻灯片中对象动画效果、切换效果和交互效果等设计。
- 掌握演示文稿的放映设置与控制，输出与打印。

　　演示文稿主要是将一些静态文本、图表、图像等对象制作成动态播放的"幻灯片"，将复杂问题生动表示，正被广泛应用于工作汇报、项目竞标、产品展示、企业宣传、学术交流等活动中，已经成为人们工作生活中的重要工具。常用的演示文稿设计软件有微软 PowerPoint、金山 WPS 演示等。本章主要以 PowerPoint 2016 为例，介绍演示文稿的制作。

## 5.1　PowerPoint 基础

　　PowerPoint 是一个功能强大的演示文稿制作工具，它可以帮助用户将文本、图片、图表、声音等多种媒体信息用图片进行展示，这些图片被称为"幻灯片"，演示文稿一般由多张幻灯片构成，其默认扩展名为.pptx。PowerPoint 可以使展示效果图文并茂、声形俱佳，并能够通过多种途径进行展示，以便应用到更广泛的领域中。

### 5.1.1　PowerPoint 窗口组成

　　PowerPoint 的功能是通过其窗口实现的，启动 PowerPoint 即打开 PowerPoint 应用程序工作窗口，PowerPoint 普通视图下的工作界面如图 5-1 所示。

### 5.1.2　演示文稿视图模式

　　PowerPoint 提供普通视图、大纲视图、幻灯片浏览视图、备注页视图、阅读视图五种工作视图。各种视图提供了不同的观察视角和功能，用户根据需要进行视图切换，辅助完成幻灯片的制作。利用"视图"选项卡下"演示文稿视图"组中对应的按钮或者主界面视图切换

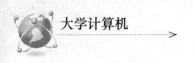

按钮进行视图之间切换。

图 5-1　PowerPoint 工作界面

**1. 普通视图**

普通视图是 PowerPoint 默认的视图模式，是一种编辑视图，可用于设计和制作演示文稿。该视图有三个主要区域：左侧为幻灯片浏览窗格，以缩略图的方式显示幻灯片，可以进行演示文稿导航和效果预览，也可以进行幻灯片位置调整和删除等操作；右侧为幻灯片编辑窗格，以大视图形式展示当前幻灯片内容，进行幻灯片内容编辑；底部为备注窗格，可以为每页幻灯片添加相关备注。

**2. 大纲视图**

大纲视图主要用于显示幻灯片中的文字内容，不显示图形对象和美化的格式。该视图有三个主要区域：左侧为大纲窗口，能够预览每张幻灯片中的标题和文字内容，在其中输入标题和正文，系统会自动地建立每一张幻灯片；右侧为幻灯片编辑窗口，底部为备注窗口。

**3. 幻灯片浏览视图**

幻灯片浏览视图可以在窗口中同时显示多张幻灯片缩略图，便于观察修改幻灯片的背景设计和配色方案后，演示文稿整体外观发生的变化。利用该视图可以快速地定位到某张幻灯片、添加、删除和移动幻灯片以及选择幻灯片切换效果。

**4. 备注页视图**

在备注页视图中，每张备注页上方都为当前幻灯片的小版本，下方为备注窗格中的内容。在备注窗格中，可以对备注文本内容进行编辑并进行格式设置。同时，还可以插入表格、图表、图片等对象。但备注内容不会在其他视图显示，只在打印的备注页中显示。

**5. 阅读视图**

在阅读视图中，可以以全屏的方式放映幻灯片，能够预览演示文稿中设置的放映效果。

单击鼠标左键进行幻灯片切换，按"Esc"键则可立即退出阅读模式。

### 5.1.3　演示文稿基本操作

演示文稿操作是制作各类演示文稿的基础，利用它可以使展示效果声形俱佳，图文并茂。

**1. 创建演示文稿**

启动 PowerPoint，在"新建"窗口可以选择"新建空白演示文稿"或者使用模板或主题进行创建，PowerPoint 提供了"演示文稿""主题""业务""个人""教育""图表"等多个分类的模板和主题。

1）新建空白演示文稿

使用空白演示文稿方式，可以创建一个没有任何设计方案和示例文本的空白演示文稿，可以精准地控制和调整演示文稿的样式、内容等，设计出具有鲜明个性的演示文稿，具有更大的灵活性。

在 PowerPoint 中提供两种新建空白演示文稿的方法：

（1）选择"文件"菜单中"新建"命令，在"新建"窗口中，单击"空白演示文稿"。

（2）在本地磁盘任意位置右击，在弹出的快捷菜单中选择"新建"命令，在下级菜单中选择"新建 Microsoft PowerPoint 演示文稿"，可直接创建一个空白演示文稿。

2）使用模板或主题进行演示文稿创建

PowerPoint 提供的模板非常丰富，可以根据需要灵活选用，在"新建"窗口中，可以按某一分类联机搜索需要的模板和主题，单击目标主题，然后单击"创建"按钮，完成演示文稿的创建，如图 5-2 所示。

图 5-2　使用联机模板或主题创建演示文稿

**2. 打开演示文稿**

我们在使用 PowerPoint 时经常需要打开已有的演示文稿进行编辑或演示操作。

在图 5-1 中，单击"文件"菜单中的"打开"命令，选择"浏览"选项，将弹出"打开"对话框，在该对话框中选择需要打开的文件即可；或者从本地磁盘直接找到文件所在位置，直接双击打开。

**3. 保存演示文稿**

演示文稿制作完成后需要将其保存到本地磁盘中，演示文稿保存的主要方法有：

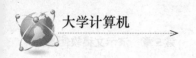

（1）单击"文件"菜单下的"保存"或"另存为"命令，可以设置存放位置以及重新命名演示文稿。

（2）单击快速访问工具栏的"保存"按钮。

## 5.2 演示文稿编辑

### 5.2.1 创建和组织幻灯片

**1. 创建幻灯片**

制作演示文稿的过程就是制作多张幻灯片的过程。第一步就是在演示文稿中添加新幻灯片，并在幻灯片上添加文本和图形，设置相应格式，从而完成一份完整的演示文稿。

（1）在幻灯片浏览窗格选中某幻灯片缩略图，单击"开始"选项卡中"幻灯片"组的"新建幻灯片"下拉按钮，选择一种版式，即可在当前幻灯片之后添加一张新的幻灯片。

（2）在幻灯片浏览窗格选中某幻灯片缩略图，在一个幻灯片缩略图或者空白处右击，在弹出的快捷菜单中选择"新建幻灯片"命令。

**2. 幻灯片版式应用**

幻灯片版式确定了幻灯片内容的布局。PowerPoint 提供了多个幻灯片版式以供选择。对于新建的空白演示文稿，默认的版式是"标题幻灯片"。选定一张幻灯片，选择"开始"选项卡中的"幻灯片"组，单击"版式"命令，可为当前幻灯片修改版式，如图 5-3 所示。

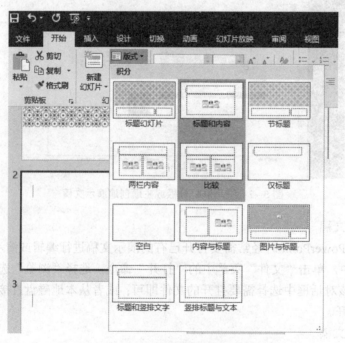

图 5-3 幻灯片版式修改界面

**3. 组织幻灯片**

1）选择幻灯片

在 PowerPoint 中，用户可以选中一张或多张幻灯片，然后对选中的幻灯片进行操作。以下是利用普通视图中幻灯片浏览窗格选择幻灯片的方法。

（1）单击需要选择的单张幻灯片，即可选中该张幻灯片。

（2）选择多张连续幻灯片：单击起始编号的幻灯片，然后按住"Shift"键，单击结束编号的幻灯片，完成选择。

（3）选择不连续的多张幻灯片：按住"Ctrl"键的同时，依次单击需要选择的幻灯片，完成选择。

2）复制幻灯片

在制作演示文稿时，有时会需要两张内容基本相同的幻灯片。此时需要利用幻灯片的复制功能来实现。复制幻灯片的基本方法如下：

（1）选中需要复制的幻灯片，通过"复制"和"粘贴"命令实现。

（2）选中需要复制的幻灯片，在幻灯片缩略图上右击，在快捷菜单中选择"复制幻灯片"命令。

（3）选中需要复制的幻灯片，单击"开始"选项卡中"幻灯片"组的"新建幻灯片"下拉按钮，选择"复制幻灯片"命令。

3）删除幻灯片

选中要删除的幻灯片，按"Del"键或者在幻灯片缩略图上右击，在快捷菜单中选择"删除幻灯片"命令。

4）移动幻灯片

制作演示文稿时，如果需要对幻灯片进行重新排序，就需要移动幻灯片，可以通过"剪切"和"粘贴"命令来完成，也可以在幻灯片浏览窗格中，选择需要移动的幻灯片，按住鼠标左键直接拖动到需要的位置。

## 5.2.2　幻灯片内容编辑

基于演示文稿提供的版式、模板等样式编辑信息，自行设计幻灯片中文本、图片、表格、图形、图表、媒体剪辑以及各种形状等内容，调整幻灯片布局，制作满意效果。

**1. 添加文本**

1）使用占位符添加文本

占位符是指幻灯片中被虚线框起来的部分，可在占位符内输入文字或插入图片等，一般占位符的文字字体具有固定格式。幻灯片中的占位符是一个特殊的文本框，包含预设的格式，出现在固定的位置，可对其更改格式，移动位置。

2）使用文本框添加文本

通过以下两种方法在幻灯片任意位置绘制文本框，并设置文本格式，进行文本添加，展现用户需要的幻灯片布局。

（1）利用"插入"选项卡中"文本"组的"文本框"命令。

（2）利用"插入"选项卡中"插图"组中的"形状"下拉列表中的"文本框"基本图形。

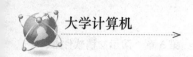

**2. 格式化幻灯片**

1）设置文本格式

选定文本或者占位符，通过"开始"选项卡中"字体"组和"段落"组的命令进行文本的字体和段落格式设置。

2）设置文本框样式和格式

选定文本框，在"绘图工具/格式"选项卡中，对形状样式、文本样式、排列方式、大小等样式进行修改和设置。

**3. 插入对象**

在 PowerPoint 中可以插入多种对象，这些对象包含表格、图片、形状、图表、SmartArt 图形、艺术字、视频和音频等。大部分对象的插入方法和 Word 中的插入操作类似。另外，PowerPoint 插入对象的方法除了采用功能区命令，还可以单击幻灯片内容区占位符中对应的图标，即可完成对象的插入。下面主要介绍 Word 中未介绍的对象插入方法。

1）图片

在幻灯片中使用图片可以使演示效果变得更加生动直观，可以插入的图片主要有两类：联机图片、以文件形式存在的图片。插入图片后可以通过"图片工具－格式"选项卡进行图片编辑。

下面介绍联机图片中的剪贴画的插入方法。单击"插入"选项卡中的"联机图片"按钮，在打开的"联机图片"对话框中输入搜索关键字"剪贴画"，然后单击选择需要插入的剪贴画，单击"插入"按钮，完成插入操作，如图 5-4 所示。

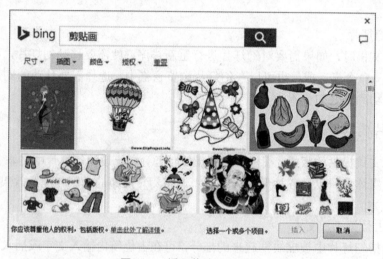

图 5-4　插入剪贴画对话框

2）相册

在幻灯片中新建相册时，只要在"插入"选项卡的"图像"组中单击"相册"按钮，就会弹出如图 5-5 所示的"相册"对话框，然后从本地磁盘的文件夹中选择相关的图片文件插入即可。在插入相册的过程中可以更改图片的先后顺序、调整图片的色彩明暗对比与旋转角度，以及设置图片的版式和相框形状等。

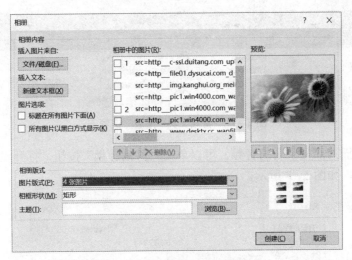

图 5-5 "相册"对话框

3）媒体

为了提高幻灯片放映时的视听效果，用户可以在幻灯片中插入视频、音频和屏幕录制等媒体对象，多方位地向观众传递信息，增强演示文稿感染力。用户可以插入"联机视频""PC 上的视频""PC 上的音频""录制音频"和"屏幕录制"，"屏幕录制"可以实现自定义区域录制，进行演示文稿的个性化设置。下面主要进行音频插入方法介绍：

（1）选择要插入媒体的幻灯片。

（2）选择"插入"选项卡中"媒体"组的"音频"命令。

（3）音频插入包含"录制音频"和"PC 上的音频"两个选项，其中，选择"PC 上的音频"，只需要在打开的对话框中选择需要的音频，即可完成插入。

（4）选择"录制音频"按钮，打开"录制声音"对话框，如图 5-6 所示，可以进行音频名称修改，然后单击"录制"按钮●开始录制，单击"停止录制"按钮■停止录制，最后单击"确定"按钮，完成录制音频插入。

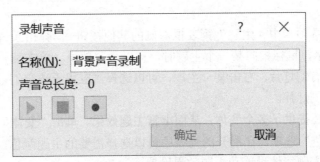

图 5-6 "录制声音"对话框

插入音频后，在幻灯片上会出现一个小喇叭图标。单击该图标，功能区将出现"音频工具－播放"选项卡，如图 5-7 所示，在该选项卡中可以进行音频属性设置。

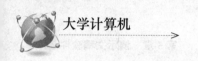
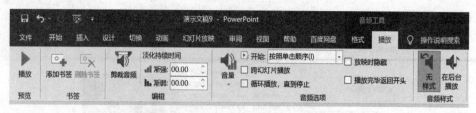

图 5-7 "音频工具-播放"选项卡

如果只需要插入部分录制的音频，可以单击"剪裁音频"按钮，打开"剪裁音频"对话框进行音频剪裁，如图 5-8 所示。

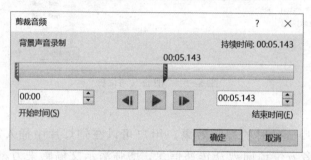

图 5-8 "剪裁音频"对话框

### 5.2.3 幻灯片外观设计

PowerPoint 的特点之一是可以使幻灯片具有统一的外观，可以通过系统提供的主题进行设置，也可以由用户进行自定义设置。

**1. 内置主题**

主题是方便演示文稿外观设计的一种手段，是一种包含背景图形、字体选择及对象效果的组合，是颜色、字体、效果和背景的设置，主题作为一套独立的选择方案应用于演示文稿中，可以简化演示文稿的创建过程，使演示文稿具有统一的风格。

PowerPoint 提供了大量的内置主题以供制作演示文稿时选用，可直接在主题库中选择，也可自定义主题。

选择"设计"选项卡中"主题"列表框右侧的其他按钮，弹出系统提供的内置主题列表，如图 5-9 所示，鼠标指向某一个主题时，可以预览效果。单击某一主题，则表示直接将该主题应用于所有幻灯片，右击某一主题，可以选择"应用于选定幻灯片"命令，从而将该主题应用于单张幻灯片。

每一个主题，还提供了多个变体，从而丰富主题效果。单击"变体"列表框右侧的其他按钮，选择"颜色"选项，在展开的列表中可以选择需要的主题颜色，如图 5-10 所示。另外，还可以进行主题字体设置和主题效果设置。

**2. 背景设置**

幻灯片的背景直观地影响着幻灯片的效果，可以通过改变幻灯片的背景颜色、图案和纹理等进行设置，也可以使用特定的图片作为幻灯片的背景。

图 5-9 主题列表

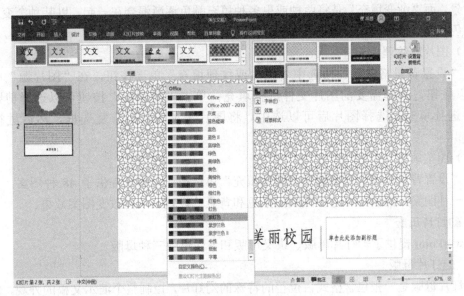

图 5-10 主题颜色设置

1）改变主题背景样式

PowerPoint 为每种主题提供了 12 种背景样式，选择"设计"选项卡中"变体"组的其他按钮，选择"背景样式"选项，可以选择某一背景样式应用于演示文稿。

2）设置背景格式

用户可以根据需要进行背景格式设置，来改变背景的颜色、图案、纹理填充和图片填充等。单击"设计"选项卡中"自定义"组的"设置背景格式"按钮，打开"设置背景格式"窗格。设置窗格如图 5-11 所示。

图 5-11 背景格式设置

（1）改变背景颜色。

背景颜色设置有"纯色填充"和"渐变填充"两种方式，"纯色填充"是选择单一颜色填充背景，而"渐变填充"是将两种或更多种填充颜色逐渐混合在一起，以某种渐变方式从一种颜色逐渐过渡到另一种颜色。

（2）图片或纹理填充。

在"设置背景格式"窗格选中"图片或纹理填充"单选按钮，在"图片源"中单击"插入"按钮，选择需要的图片文件进行填充；单击"剪贴板"按钮可以选择剪贴板中的图片进行填充。选择图片后可以选中"将图片平铺为纹理"复选框，然后进行详细设置。

（3）图案填充。

在"设置背景格式"窗格选中"图案填充"单选按钮，系统提供了 48 种图案，单击即可选择一种图案，然后可以进行图案前景色和背景色设置，从而改变图案效果。

**3. 幻灯片母版**

PowerPoint 提供了幻灯片母版、讲义母版和备注母版三种母版。

1）幻灯片母版

幻灯片母版是一张包含格式占位符的特殊的幻灯片，控制整个演示文稿的外观，包括颜色、字体、背景、效果和其他所有内容。可以在幻灯片母版上插入形状或徽标等内容，它会自动显示在所有幻灯片中。选择"视图"选项卡中"幻灯片母版"命令，系统会在幻灯片窗格中显示幻灯片母版样式。

如图 5-12 所示，利用"幻灯片母版"选项卡下"编辑母版"组的命令可以为幻灯片添加版式、重命名母版、删除版式等。还可以对幻灯片母版进行字体、颜色等文本样式设置，以及利用"插入"选项卡进行对象插入。

2）讲义母版

讲义母版主要控制幻灯片以讲义形式打印的格式。

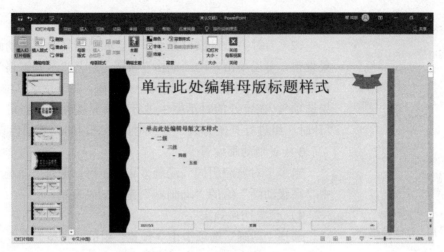

图 5-12　编辑幻灯片母版

3）备注母版

备注母版主要控制备注页的格式，还可以调整幻灯片的大小和位置。

### 5.2.4　演示文稿交互效果设置

设置了幻灯片交互性效果的演示文稿，放映演示时更加富有感染力和生动性。其中，幻灯片动画起到了重要的作用，幻灯片动画和链接效果有效地增强了演示文稿的交互效果。在 PowerPoint 中，幻灯片动画包括幻灯片对象动画和幻灯片切换动画两种类型，动画效果在幻灯片放映时才能生效。

**1. 幻灯片对象动画**

幻灯片对象动画是指为幻灯片中的各对象设置动画效果，多种不同对象动画组合在一起可组成复杂而生动的动画效果。对象动画主要分 4 类：进入动画、强调动画、退出动画和路径动画。

1）添加动画

（1）选择要设置动画的对象。

（2）在"动画"选项卡的"动画"组中，直接单击选择一种预设动画效果，如图 5-13 所示，或者单击"其他"按钮，在弹出的"动画样式"下拉列表中选择一种需要的动画效果。

（3）当需要给一个对象添加多个动画效果时，可以通过"高级动画"组中的"添加动画"来实现。

图 5-13　"动画"选项卡

2）设置动画效果

（1）通过单击"动画"组中的"效果选项"按钮，在弹出的下拉菜单中进行预设效

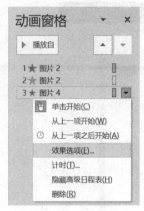

图 5-14　动画窗格

果修改。

（2）当对多个对象设置动画后，如果需要对某个动画进行效果设置，可以单击"动画窗格"按钮，打开"动画窗格"进行动画编辑。如图 5-14 所示，选择一个动画，在下拉菜单中选择"效果选项"，在打开的对话框中进行动画属性编辑，也可直接通过"计时"组进行开始方式、持续时间、延迟时间等属性设置。

3）复制动画设置

当多个对象应用同一动画效果时，可以通过"动画"选项卡中"高级动画"组的"动画刷"完成动画复制。

4）预览切换效果

选择"动画"选项卡中"预览"组的"预览"命令，可以进行当前幻灯片中对象动画效果的预览。

**2. 幻灯片切换动画**

幻灯片切换动画是指放映幻灯片时幻灯片进入、离开播放画面时的动画效果，使幻灯片的过渡衔接更为自然，提高演示度。幻灯片的切换包括幻灯片切换效果和切换属性。PowerPoint 提供了多种预设的切换动画效果。

1）设置幻灯片切换样式

（1）选定一张或多张幻灯片。

（2）在"切换"选项卡的"切换到此幻灯片"组中直接选择或者在下拉列表中选择一种切换样式，如图 5-15 所示。

图 5-15　"切换"选项卡

2）设置幻灯片切换属性

切换属性包括效果选项、换片方式、持续时间和声音效果等。

（1）单击"切换"选项卡中"切换到此幻灯片"组的"效果选项"命令，选择一种切换效果。

（2）在"计时"组设置换片方式、切换声音、持续时间等属性。

3）预览切换效果

单击"切换"选项卡中"预览"组的"预览"命令，可以进行当前幻灯片切换动画效果预览。

**3. 幻灯片链接设置**

幻灯片放映时可以通过使用超链接和动作来增加演示文稿的交互效果。超链接和动作可以在当前幻灯片上跳转到其他幻灯片、文件、外部程序或网页上，起到演示文稿放映过程的导航作用。

1）设置超链接

（1）选中要建立超链接的对象。

（2）单击"插入"选项卡中"链接"组的"超链接"命令，打开如图 5-16 所示的"插入超链接"对话框，在"插入超链接"对话框中指定链接位置。

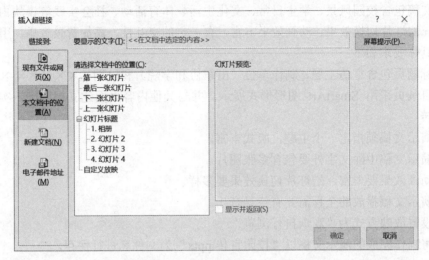

图 5-16　"插入超链接"对话框

当幻灯片放映时，单击设置超链接的对象，放映会跳转到所指定的位置。

2）设置动作

（1）在幻灯片中插入或选择作为动作启动的对象。

（2）单击"插入"选项卡中"链接"组的"动作"命令，打开如图 5-17 所示对话框。

（3）在"操作设置"对话框进行动作属性设置。

图 5-17　"操作设置"对话框

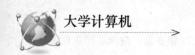

### 5.2.5 案例应用：制作校园宣传演示文稿

**1. 案例描述**

小李是一名校宣传部的干事，现学校要组织校园宣传活动，部长请小李制作一个演示文稿，演示文稿包含校园风景、学生日常、文化生活、体育活动、社会实践等模块内容，要求图文并茂，幻灯片切换效果、动画效果丰富，有一定的交互性，添加背景音乐，用于活动现场展示。具体要求如下：

（1）标题页包含宣传主题、制作单位（山东协和学院）和日期（××××年×月×日）。

（2）目录页采用 SmartArt 图形形式展示，并与其他内容页面建立超链接，实现幻灯片之间的跳转。

（3）演示文稿须指定一个主题，版式丰富。

（4）演示文稿中除文字外要包含多张图片。

（5）动画效果要丰富，幻灯片切换效果要多样。

（6）演示文稿播放的全程需要有背景音乐。

（7）设置放映方式为"观众自行浏览"。

（8）将制作完成的演示文稿以"校园宣传.pptx"为文件名进行保存。

**2. 案例实施**

（1）准备宣传演示文稿所需文字、图片、音频等素材。

（2）创建演示文稿，进行演示文稿中幻灯片添加及文字、图片内容添加与编辑。

① 标题页，采用"标题幻灯片"版式，输入标题和单位；日期输入方法：选择"插入"选项卡中"文本"组的"日期和时间"命令，打开如图 5-18 所示对话框，进行日期和时间的设置。

演示文稿内容
编辑 1

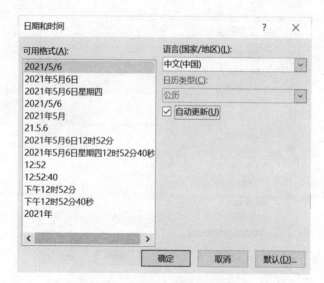

图 5-18 "日期和时间"对话框

② 目录页，输入目录内容，然后选定，右击，在弹出的快捷菜单中选择"转换为 SmartArt"命令，然后选择一种模板。效果如图 5-19 所示。

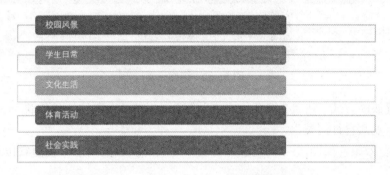

图 5-19 目录效果

演示文稿内容
编辑 2

③ 其他页，分别选择合适的版式，并输入对应的文字和图片内容。各页图片展示采用 SmartArt 图形进行设计，最后一页利用"插入"选项卡中"文本"组的"艺术字"命令，添加艺术字。效果图如图 5-20 所示。

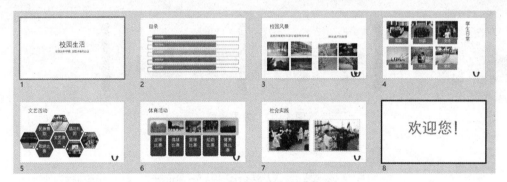

图 5-20 演示文稿内容输入效果

（3）主题设置，在"设计"选项卡选择一个主题，并根据需要进行适当变体设计。

（4）超链接设置，选择目录页中的各目录项，分别链接到对应幻灯片。

（5）动作设置，在"校园风景"幻灯片中添加"下弧形"形状作为"返回"按钮，添加动作，链接到目录页，将其复制到其他幻灯片。

（6）选择每一页中需要设置动画的对象，添加动画效果，调整动画顺序，设置动画开始时间为"上一动画之后"。

（7）幻灯片切换效果设置，选定幻灯片，利用"切换"选项卡进行切换方式设置。选择第一张和最后一张幻灯片设置"推入"切换效果，目录

超链接与动作设置

动画设置

幻灯片切换与放映

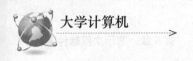

页和内容页分别设置不同的切换方式。

（8）在第一张幻灯片插入背景音乐，设置其放映时隐藏、跨幻灯片播放，并循环播放，如图 5-21 所示。

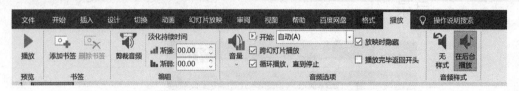

图 5-21　音频设置

（9）设置放映方式，利用"幻灯片放映"选项卡下的"设置幻灯片放映"命令，设置"放映方式"为"观众自行浏览"。

（10）预览效果，如图 5-22 所示。将制作完成的演示文稿以"校园宣传.pptx"为文件名进行保存。

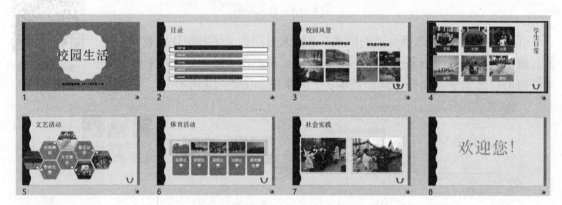

图 5-22　效果预览

# 5.3　演示文稿放映与输出

演示文稿制作完成后就可以直接在计算机上放映了，还可以根据需求进行导出或者形成讲义。

## 5.3.1　演示文稿放映

### 1. 幻灯片放映方式

演示文稿设计完成后，默认情况下是按照预设的演讲者放映（全屏幕）方式进行的，但由于演示文稿在不同场合放映需求有所不同，可以根据具体的需要进行幻灯片的放映方式设置。

可以通过在"幻灯片放映"选项卡的"设置"组中，单击"设置幻灯片放映"按钮，打开"设置放映方式"对话框，如图 5-23 所示。

1）放映类型

PowerPoint 提供了三种播放演示文稿的方式，包括演讲者放映、观众自行浏览和在展台浏览，可根据需要进行选择。

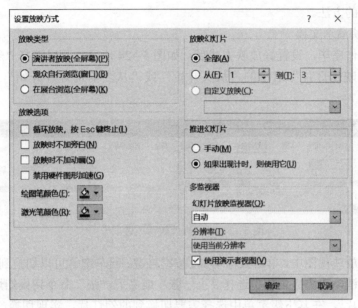

图 5-23 "设置放映方式"对话框

2）放映范围

在"放映幻灯片"组中进行设置：

（1）播放全部幻灯片，可选中"全部"单选按钮。

（2）播放指定范围的幻灯片，可在其中设置开始和结束幻灯片编号范围。

（3）播放已有的自定义放映，可在其下面的下拉列表中选择需要的自定义放映。

3）设置换片方式

可以在"推进幻灯片"组中设置如何从一张幻灯片切换到另一张幻灯片的换片方式。

（1）手动方式，当需要在演示文稿放映过程中单击鼠标切换幻灯片，以及显示动画效果时，可选中"手动"复选框。

（2）自动换页，当设置了自动换页时间时，则需要选择"如果出现计时，则使用它"才能够在幻灯片播放时自动切换。

4）设置放映选项

可以在"放映选项"选项组中制定希望声音文件、解说或动画在演示文稿中的运行方式。

（1）当需要连续地放映声音、动画时，可选中"循环放映，按 Esc 键终止"复选框。

（2）当在放映演示文稿时，若不播放解说，可选中"放映时不加旁白"复选框。

（3）当在放映演示文稿时，若不播放动画，可选中"放映时不加动画"复选框。

（4）如果演讲者需要在放映过程中在幻灯片上写字，可以在"绘图笔触色"下拉列表中

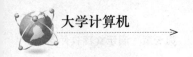

选择笔触颜色。

**2. 放映演示文稿**

设置好演示文稿放映方式后，可以开始放映演示文稿。

由于演示文稿默认的放映方式是"演讲者放映"，所以主要介绍在"演讲者放映"方式下放映演示文稿的方法。

1）直接放映演示文稿

演示文稿制作完毕，设置好放映方式后，如图 5-24 所示，可以选择"幻灯片放映"选项卡的"开始放映幻灯片"组中的"从头开始"或"从当前幻灯片开始"，直接播放演示文稿。

图 5-24 "幻灯片放映"选项卡

在幻灯片的放映视图中，单击鼠标左键、按空格键、回车键等可以切换到下一张幻灯片。通过单击鼠标右键，从快捷菜单中选择"上一张"或"下一张"命令切换幻灯片；还可以选择"定位至幻灯片"，在其下级菜单中选择需要切换到的幻灯片，实现切换。

放映过程中如果要结束放映，可按下"Esc"键或单击鼠标右键从快捷菜单中选择"结束放映"命令，退出幻灯片放映视图。

在放映演示文稿时，当演讲者需要在幻灯片上做标记时，可以从快捷菜单中选择"指针选项"命令，在其下级菜单中选择一种指针类型，如"笔""荧光笔"，进行标记添加，所做的标记不会修改原幻灯片本身的内容。

2）自定义放映

通过创建自定义放映，可以使一个演示文稿适合不同观众的要求。通过自定义放映可以展示演示文稿中一组独立的幻灯片。创建自定义放映的具体步骤如下：

（1）在"幻灯片放映"选项卡的"开始放映幻灯片"组中，单击"自定义幻灯片放映"，然后在弹出的下拉菜单中选择"自定义放映"，打开"自定义放映"对话框，如图 5-25 所示。

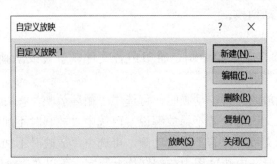

图 5-25 "自定义放映"对话框

（2）在"自定义放映"对话框中，单击"新建"按钮，打开"定义自定义放映"对话框，如图 5-26 所示，定义幻灯片放映名称，然后从"在演示文稿中的幻灯片"列表中选择幻灯片，单击"添加"按钮，添加到"在自定义放映中的幻灯片"列表中，单击"确定"按钮，返回"自定义放映"对话框。

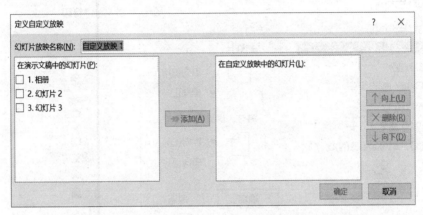

图 5-26 "定义自定义放映"对话框

（3）在"自定义放映"对话框中，可单击"放映"按钮预览自定义放映效果或者单击"关闭"按钮完成自定义设置。

备注：当已经存在设置好的自定义放映时，可直接在"幻灯片放映"选项卡的"开始放映幻灯片"组中，单击"自定义幻灯片放映"按钮，然后在弹出的菜单中进行选择应用。

3）排练计时

排练计时可跟踪每张幻灯片的显示时间并记录、保存这些计时，将其用于自动放映。其操作步骤如下：

（1）在"幻灯片放映"选项卡的"设置"组中，单击"排练计时"按钮，幻灯片以排练模式打开并开始计时。

（2）对演示文稿中的每一张幻灯片的播放时间进行控制。

（3）在为最后一张幻灯片设置好时间后，会出现一个消息框，显示幻灯片放映的总时间，并询问是否为幻灯片放映保留这些计时，如果对计时满意，单击"是"按钮。

如果不再需要演示文稿中设置的排练计时，可单击"设置"组中的"录制幻灯片演示"按钮，然后选择"清除"级联菜单中的"清除所有幻灯片中的计时"命令。

备注：也可以在"幻灯片放映"选项卡的"设置"组中，单击"录制幻灯片演示"按钮录制幻灯片计时。

## 5.3.2　演示文稿输出

### 1. 演示文稿打印

工作中用户可能需要将演示文稿打印输出。为了保障最佳的打印效果，我们需要进行幻灯片的页面设置。

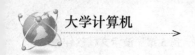
1）页面设置

在"设计"选项卡的"自定义"组中，单击"幻灯片大小"按钮，打开"幻灯片大小"对话框，如图5-27所示，然后进行打印范围、打印方向等详细设置，如图5-28所示。

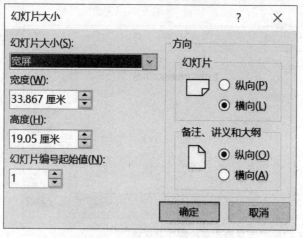

图5-27 "幻灯片大小"对话框

图5-28 "打印"设置

2）打印设置

单击"文件"菜单中的"打印"命令，展开如图5-28所示界面。在其各功能区可以进行打印机选择、打印份数设置、打印的幻灯片范围、打印颜色、打印模式等设置，完成设置后单击"打印"按钮，开始打印。

**2. 演示文稿导出**

为了提高演示文稿的通用性和可移植性，可以进行演示文稿以及嵌入的所有项目打包输出。其操作步骤如下：

（1）打开要打包的演示文稿。

（2）单击"文件"菜单中的"导出"命令，在级联菜单中选择"将演示文稿打包成CD"，然后单击"打包成CD"按钮，打开"打包成CD"对话框，如图5-29所示。

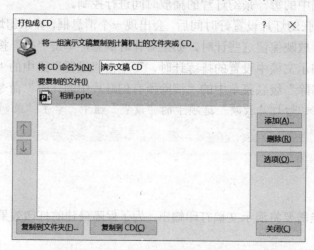

图5-29 "打包成CD"对话框

（3）在"打包成 CD"对话框中，可以设置 CD 名称，默认情况下包含链接文件和嵌入的字体，若要更改此项设置可单击"选项"按钮。还可以在该对话框中设置打开和修改演示文稿的密码，增强安全性和隐私保护。

 **思考**

1. 李欣是一名大学一年级学生，学校要开展职业生涯规划大赛，比赛需要进行现场演讲，请根据其职业生涯规划内容，为李欣制作一个演讲演示文稿。

2. 你作为山东旅游公司一名员工，请为泉城济南制作一份旅游宣传演示文稿，用于公司宣传，要求涵盖济南旅游热点、风土人情、行程规划等内容。

# 第 6 章  数字媒体技术

## 学习目标

- 了解图像处理、短视频剪辑的概念、工具与应用；
- 熟悉图像处理、短视频剪辑基础知识；
- 掌握图像处理、短视频剪辑方法。

数字媒体技术是指通过计算机对文字、数据、图形、图像、动画、声音等多种媒体信息进行综合处理和管理，使用户可以通过多种感官与计算机进行实时信息交互的技术。数字媒体技术是多门学科的综合技术，而不是单独的一种技术。它涉及计算机技术、通信技术和现代媒体技术等。多任务实时处理系统和超大规模集成电路的发展分别从软件和硬件方面为数字媒体技术提供了支持。

## 6.1  图  像  处  理

### 6.1.1  图像处理基础知识

图像处理软件是被广泛应用于广告制作、平面设计、影视后期制作等领域的软件。其中最为常用的专业图像处理软件有 Photoshop、CorelDRAW、Illustrator 等。非专业图像处理软件如美图秀秀、光影魔术手、ACDSee 等软件也具有简单的图像处理功能，简单实用。

**1. 图像处理软件基本概述**

在众多图像处理软件中，Adobe 公司的 Photoshop 以其强大的功能和友好的操作界面成为目前实用最广泛的图像处理软件之一，深受平面设计和美术爱好者的青睐。图 6-1 所示为 Photoshop CC2018 界面。

Photoshop 是集图像扫描、编辑修改、图像制作、广告创意、图像输入与输出于一体的图形图像处理软件。它拥有强大的绘图和编辑工具，可以对图像、图形、文字、动态图像等进行编辑，完成抠图、修图、调色、合成、特效制作等工作。

Photoshop 是点阵设计软件，由像素构成，分辨率越高图像越大。其具有超强的功能和丰富的色彩，但也具有文件过大，放大后清晰度下降，文字边缘不清晰的缺点。广泛应用于包装设计、广告设计、网页设计等多种设计领域。

图 6-1    Photoshop CC2018

Photoshop 软件的基本概念：

1）位图

位图图像（bitmap），又称为点阵图像或栅格图像，是由称作像素（图片元素）的单个点组成的。位图放大时，可以看见构成整个图像的无数单个方块。位图可以表现色彩的变化和细微的颜色过渡，图像效果逼真，缺点是在保存时需要记录每一个像素的位置和颜色值，会占用较大的存储空间。

2）矢量图

矢量图，又称为面向对象的图像或绘图图像，是一系列由点连接的线。矢量文件中每个对象都是独立的实体，具有颜色、形状、轮廓、大小和屏幕位置等属性。文件占用空间较小。

3）图层

图层就像是一张张透明的纸张，按顺序叠放在一起，组合起来形成页面的最终效果。图层可以将页面上的元素精确定位。图层中可以加入文本、图片、表格、插件，也可以在里面再嵌套图层。

4）像素

像素是组成图像的基本单元，由图像的小方格组成，这些小方块都有一个明确的位置和被分配的色彩数值，小方格颜色和位置就决定该图像所呈现出来的样子。

5）通道

在 Photoshop 中，不同的图像模式下，通道也是不一样的。通道层中的像素颜色是由一组原色的亮度值组成的，通道实际上可以理解为选择区域的映射。

6）分辨率

分辨率，又称解析度、解像度，可以细分为显示分辨率、图像分辨率、打印分辨率和扫描分辨率等。单位长度上的像素叫作位图的分辨率。

7）色彩模式

色彩模式是数字世界中表示颜色的一种算法。由于成色原理的不同，决定了显示器、投影仪、扫描仪这类靠色光直接合成颜色的颜色设备和打印机、印刷机这类靠使用颜料的印刷

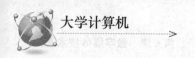
设备在生成颜色方式上的区别。

（1）RGB 模式：适用于显示器、投影仪、扫描仪、数码相机等。加色模式，由红、绿、蓝三色组成，每一种颜色有 0~255 的亮度变化。

（2）CMYK 模式：适用于打印机、印刷机等。减色模式由品蓝、品红、品黄和黄色组成。

同一色彩在不同模式下的编号不同。Photoshop CC 拾色器如图 6-2 所示。

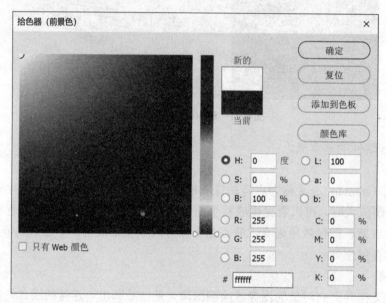

图 6-2　Photoshop CC 拾色器

### 2. Photoshop 工作界面

熟悉工作界面是学习 Photoshop CC 的基础。整个工作界面由菜单栏、属性栏、工具栏、状态栏、控制面板和工作区等组成，如图 6-3 所示。

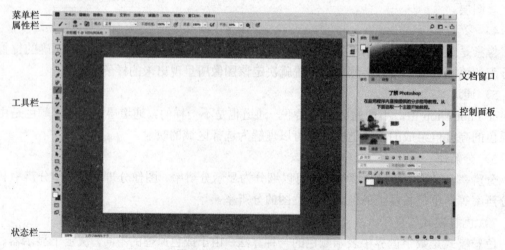

图 6-3　Photoshop 工作界面

1）菜单栏

Photoshop CC 菜单栏依次分为："文件"菜单、"编辑"菜单、"图像"菜单、"图层"菜单、"文字"菜单、"选择"菜单、"滤镜"菜单、"3D"菜单、"视图"菜单、"窗口"菜单、"帮助"菜单，如图 6-4 所示。

| Ps | 文件(F) 编辑(E) 图像(I) 图层(L) 文字(Y) 选择(S) 滤镜(T) 3D(D) 视图(V) 窗口(W) 帮助(H) |

图 6-4　菜单栏

（1）"文件"菜单：主要用于图像文件的基本操作。

（2）"编辑"菜单：包含了各种编辑文件的操作命令。

（3）"图像"菜单：包含了各种改变图像的大小、颜色等的操作命令。

（4）"图层"菜单：包含了各种调整图像中图层的操作命令。

（5）"文字"菜单：包含了各种调整字体的操作命令。

（6）"选择"菜单：包含了创建和编辑浮动选区的操作。

（7）"滤镜"菜单：包含了为图像添加内置或外挂特殊效果的操作。

（8）"3D"菜单：包含了创建和编辑三维对象的操作。

（9）"视图"菜单：包含了查看图像视图的操作。

（10）"窗口"菜单：包含了用于图像窗口的基本操作。

（11）"帮助"菜单：主要用于版权及获取帮助信息的操作。

2）工具栏

工具栏包含选择工具、绘图工具、填充工具、编辑工具、颜色选择、屏幕视图、快速蒙版工具等。将光标放置在工具上方，右键单击，会显示该工具下的具体工具。鼠标放在该工具上会显示该工具名称和快捷键。

3）控制面板

Photoshop CC 中为用户提供了多个控制面板组，包含颜色与色板，图层、通道与路径，学习、库和调整等。

### 6.1.2　图像美化

**1. 文件的基本操作**

在学习图像美化前，应该了解 Photoshop 软件中一些基本的文件操作命令，如新建文件、存储文件、打开文件等。

1）新建文件

单击"文件"菜单，选择"新建"（快捷键为"Ctrl"+"N"）命令，出现"新建"对话框，在对话框中可以选择图像名称、宽度和高度、分辨率、颜色模式等选项，设置完成后单击"确定"按钮，完成新建图像，如图 6-5 所示。

2）存储文件

单击"文件"菜单，选择"存储"（快捷键为"Ctrl"+"S"）命令，以"新建文件"为文件名单击"保存"按钮，保存文件到自己的文件夹中，或另存为到其他文件夹，如图 6-6 所示。

图6-5　新建图像

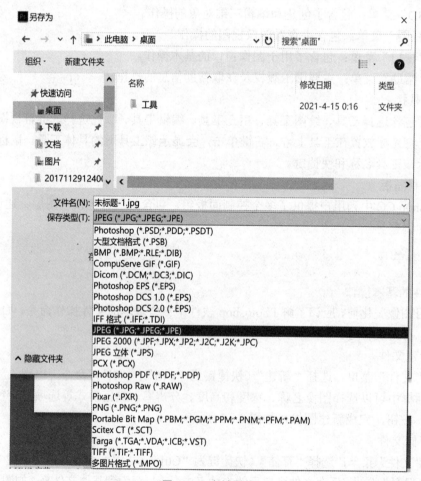

图6-6　存储图像

常用的图片格式为 Photoshop、JPEG、PNG 等。

3）打开文件

单击"文件"菜单，选择"打开"（快捷键为"Ctrl"+"O"）命令，弹出"打开"对话框，如图 6-7 所示，选择要打开的图像文件，单击"打开"按钮，即可打开选择的文件。

图 6-7　打开文件

**2.** 调整图像和画布大小

使用"图像大小"和"画布大小"命令可以对图像大小进行更改。"图像大小"指图像的分辨率、宽度和高度；"画布大小"指图像周围的工作区域。

1）调整图像大小

单击"图像"→"图像大小"命令，弹出"图像大小"对话框，如图 6-8 所示。在"宽度"和"高度"部分可以调整图像大小和数值单位，"分辨率"可以调整图像分辨率。如一寸照片标准尺寸宽度为 2.5 厘米，高度为 3.5 厘米。"宽度"和"高度"前面 **⑧** 符号为约束比例状态。裁剪一寸照片时为保持图片宽高比，照片高度调整为 3.5 厘米，分辨率调整为 300。

图 6-8　调整图像大小

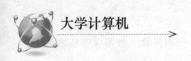

2）调整画布大小

单击"图像"→"画布大小"命令，弹出"画布大小"对话框，如图 6-9 所示，使用"画布大小"对话框可以更改画布大小。在"宽度"或"高度"调整参数，可重新定义画布尺寸。"定位"选项中，圆点是图像在画布中的位置，可以通过单击圆点周围的方向箭头，可定义画布拓展或减少时的变化。图 6-8 中，为了调整为一寸照片大小，需要对宽度进行一定裁剪，宽度调整为 2.5 厘米。

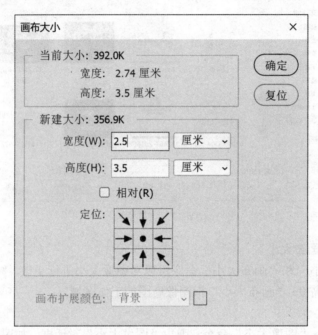

图 6-9 "画布大小"对话框

3. 快速选择工具和魔棒工具

实用的图像选择工具有快速选择工具和魔棒工具，可根据图像颜色的变化选择图像的操作。

1）快速选择工具

"快速选择工具"选择颜色差异大的图像非常便捷。该工具利用圆形画笔笔尖快速创建选区，拖动鼠标，炫酷会向外拓展并自动查找和跟随图像中定义的边缘。

在工具栏中找到"快速选择工具" ，在需要选中的图像上单击并拖动鼠标，就可以创建选择区域，如图 6-10 所示。被选中区域边缘用虚线表示。

2）魔棒工具

使用"魔棒工具" 可以选择颜色一致的区域，不必跟踪其轮廓。选取时在图像中所选颜色相近区域单击，可以自动选取图像中颜色在一定容差范围内相同或相近的颜色区域。

"容差"：魔棒工具选取的色彩范围，其值在 0～255 之间。值越大，选取的颜色范围越广。"魔棒工具"相关设置如图 6-11 所示。

图 6-10　使用"快速选择工具"创建选区

"消除锯齿"：可消除选区的锯齿边缘。

"连续"：该选项勾选时，仅选取与单击处相连的容差范围内颜色相近的区域。否则，会选取整幅图像或图层中容差范围内颜色相近的区域。

容差：　32　　✓ 消除锯齿　✓ 连续

图 6-11　"魔棒工具"相关设置

**4. 填色工具**

**1）油漆桶工具**

使用"油漆桶工具" ◇ 可以在图像中填充颜色或图案，在填充前该工具会对单击位置的颜色进行取样，从而只填充颜色相同或相似的图像区域。如图 6-12 所示为油漆桶工具。

在工具栏中选择"油漆桶"工具，可快速填充前景颜色或图案，对填充内容的透明度、容差范围等进行调整。

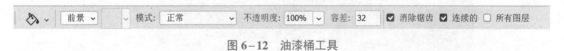

图 6-12　油漆桶工具

**2）填充前景色背景色**

在工具栏"拾色器" ■ 中对前景色或背景色进行选择，可以对选中图层进行前景色或背景色填充。填充前景色，快捷键为"Alt"+"Delete"；填充背景色，快捷键为"Ctrl"+"Delete"。

### 6.1.3　案例应用：证件照底色替换

**1. 案例描述**

在生活中，我们有时会碰到拍好的证件照背景颜色不符合要求的情况，使用 Photoshop 软件可以快捷地对证件照背景进行颜色更改。具体要求如下：

图像处理

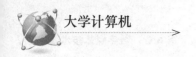

（1）证件照保留人物细节。

（2）证件照背景从白色替换为红色。

**2. 案例实施**

1）证件照的抠像

（1）进入"选择并遮住"工具。

打开证件照素材，单击"选择"→"选择并遮住"命令，进入"选择并遮住"模式，在右侧视图模式中可以选择选区显示方式，如图 6-13 所示。

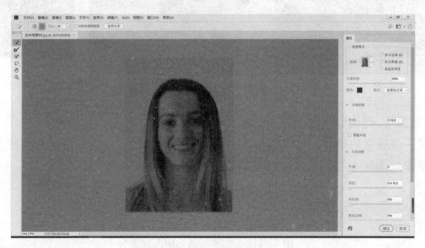

图 6-13 选择并遮住

（2）快速选择工具。

在"选择并遮住"模式中，在左上角选择快速选择工具，选出人物大体轮廓，如图 6-14 所示。使用"Alt"+选区可以去除多余选区。

图 6-14 选择人物主体

（3）调整边缘画笔工具。

选择"调整边缘画笔工具"，对人物头发进行选取，如图 6-15 所示。

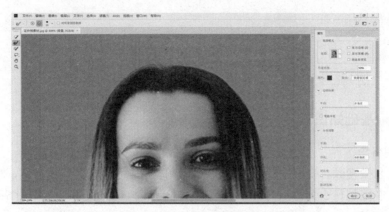

图 6-15 调增边缘画笔工具

（4）人物抠像。

调整完成后单击"确定"按钮，自动对图层进行蒙版。原图像背景被删除，如图 6-16 所示。

图 6-16 完成抠像

2）背景替换

在原图层下单击"新建图层"按钮 ，通过"拾色器"调整前景颜色，填充前景色至新建图层，然后保存图像。效果如图 6-17 所示。

图 6-17 背景替换

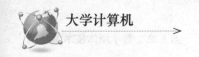

## 6.2 短视频剪辑

### 6.2.1 短视频基础知识

**1. 短视频概念**

短视频又名微视频、视频短片，是互联网新媒体上常用的内容传播方式，时长从几秒到几分钟不等，多控制在 5 分钟以内，常用短视频平台有抖音、快手等，如图 6-18 所示。

图 6-18　常见短视频平台

**2. 短视频的特点**

短视频具有时长短、成本低、传播快、参与性强等特点，具体描述如图 6-19 所示。

图 6-19　短视频的特点

**3. 短视频制作流程**

短视频制作前期需要进行前期准备、脚本策划、实际拍摄、剪辑制作，完成作品后进行上传发布和运营推广等。既可以单人独立完成制作，也可以团队协作完成制作。其制作流程如图 6-20 所示。

图 6-20　短视频制作流程

**4. 短视频常用视频格式**

随着短视频在互联网环境下的广泛应用，各视频平台和应用端对应的短视频格式和应用标准也逐渐多样化，正确认识短视频的格式有助于在短视频制作中灵活选择和转换视频格式。

（1）AVI（Audio Video Interleaved，音频视频交错）格式是最常用的视频格式之一。其优点是图像质量好，调用方便，应用广泛；缺点是文件体积较大。AVI 格式多用于视频压缩和存储、电视台播放等，在短视频应用领域应用相对较少。

（2）MPEG（Moving Picture Expert Group，动态图像专家组）格式简称 MP4 格式，采用了有损压缩的方法，减少了动态图像中的多余信息。多应用于网络平台短视频的播放与传播、视频文件格式的压缩、短视频的播放、相机视频的播放、后期剪辑等领域。

（3）MOV 格式是一种高质量的视频格式，文件相对较大，支持 25 位彩色空间和集成压缩技术。多应用于手机拍摄、单反和微单拍摄、后期剪辑等领域。

（4）WMV（Windows Media Video，Windows 媒体视频）格式是一种可以直接在网络上实时观看视频节目的压缩格式。

## 6.2.2　短视频编辑

**1. 短视频编辑软件**

短视频剪辑专业的电脑端软件有 Adobe Premiere CC、Adobe After Effect CC 和 Final Cut 等。非专业的电脑端软件有会声会影、爱剪辑等。

短视频的拍摄多使用手机摄像头，因此移动端短视频剪辑软件在短视频编辑处理中使用更加广泛。常用软件如剪映、Videoleap 等。

（1）Adobe Premiere CC 是 Adobe 公司推出的基于非线性编辑设备的视音频编辑软件，广泛应用于电视台、广告制作、电影剪辑等领域。

（2）Adobe After Effect CC 是专业级影视合成软件，适用于从事设计和视频特效的机构，包括电视台、个人后期工作室以及数字媒体工作室等。可以与 Adobe 公司其他产品如Premiere、Photoshop 等软件集成合作。

（3）会声会影是针对家庭娱乐、个人纪录片制作的简便型视频编辑软件。其步骤简单，操作便捷，用户可跟随软件引导，进行视频和图像素材的处理，简单易学。

（4）剪映简单易用，具有大量视频特效和贴纸，可与抖音平台、西瓜视频集成使用，是移动端最常用的短视频剪辑工具。

**2. 使用"剪映"进行视频编辑**

移动端下载"剪映"APP，打开剪映。单击"开始创作"可以进行素材的导入，在导入页面可以选择视频素材、照片素材或实况照片素材。选择需要的素材后，单击"添加"即可进入编辑页面。

打开视频编辑页面，在页面右上角可以打开帮助中心，查看软件使用说明。

编辑页面分为预览区域、时间线区域和工具栏区域，如图 6-21 所示。

（1）预览区域右上角"1080P"可调整视频分辨率、帧率和智能 HDR，如图 6-22 所示。

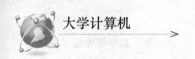
左下角显示当前时间和总时长。▷三角符号为播放键，可播放视频进行预览；右下角▮▮▮▮为撤销和恢复操作；⤢可对视频进行全屏预览。

图 6-21　编辑页面　　　　　　　图 6-22　调整分辨率、帧率等

（2）时间线区域中心的白色竖线为时间轴，上方显示时间的部分是时间刻度，如图 6-23 所示。中间的部分为时间线，可以随意拉动以对素材进行查看。时间线上可以添加视频轨道、音频轨道和文本轨道、贴纸轨道等。单击轨道上的素材可以对素材进行编辑。

图 6-23　时间刻度

（3）工具栏区域包含剪辑、音频、文本、贴纸、画中画、特效、滤镜、比例、背景、调节等工具，单击工具名称可打开二级工具进行具体操作。剪辑完成后单击右上角的"导出"按钮，即可保存视频到相册或分享至"抖音""西瓜视频"等。

### 6.2.3　案例应用：风景短视频制作

**1. 案例描述**

在生活中，我们常常会拍摄优美的风景照片，用于记录愉快的旅行，使用这些风景照片

我们可以制作短视频，用于记录我们的旅行或日常生活。具体要求如下：

（1）使用风景照片制作短视频。

（2）为短视频加入适当的背景音乐。

（3）为短视频制作题目。

**2. 案例实施**

1）素材导入

单击"开始创作"按钮，选择"照片"选项，找到需要使用的照片素材，如图 6-24 所示。然后单击"添加"按钮，开始短视频剪辑。

图 6-24　素材导入

2）素材剪辑

单击素材，拖动左右两边的白色边框，可以调整照片播放时间，如图 6-25 所示。单击两张照片素材之间的白色方框▣，添加转场效果。如远景切换到近景，可选择"运镜转场"中的"推近"效果，依据素材特征为每两张素材之间添加转场效果，如图 6-26 所示。

3）添加音频

单击素材下方"添加音频"按钮，选择适当的音乐，然后单击"使用"按钮添加音乐，如图 6-27 所示。单击音频拖动，调整音频起始位置。拖动音频左右的白色边框，调整音频长度至适当长度，如图 6-28 所示。

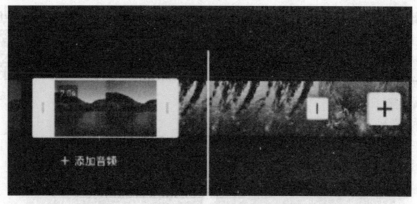

图 6-25　调整播放时长

图 6-26　添加转场效果

图 6-27　添加音乐

图 6-28　调整音频位置

4）添加标题

单击工具栏中的"文本"→"新建文本"命令，输入文字"春日"，拖动文本素材至开头位置，如图 6-29 所示。

5）导出视频

剪辑完成后，单击右上角"导出"按钮，即可保存至手机，如图 6-30 所示。

图 6-29　调整文本素材　　　　　　　图 6-30　导出视频

  思考

1. 明天你要参加一场面试，提交简历中要求使用蓝底色的证件照，你目前只有一张白底色证件照，如何进行底色替换？

2. 日常生活中我们有时会碰到急需提供证件照，但手上没有合适证件照的情况。如何将日常生活照更改为证件照呢？

3. 学校校庆在即，你所在的班级想要制作一份宣传短视频，如何拍摄并进行制作？

# 第7章 计算机网络基础

**学习目标**

- 了解计算机网络的概念、功能、组成与分类；
- 熟悉 Internet 基础知识；
- 掌握家庭常用无线路由器的设置。

随着计算机应用的日趋广泛和深入，计算机网络已成为计算机应用的主要领域。本章在对计算机网络的相关知识进行概述性介绍的基础上，重点介绍计算机网络的概念、功能、组成、分类，以及网络的体系结构。同时，介绍 Internet 中常见的 IP 地址与域名的关系和 Internet 中最常见的几种应用。最后，通过对常见的家庭无线路由器的配置，将理论知识和实践相结合，达到学以致用的目的。

## 7.1 计算机网络概述

计算机网络是指利用通信线路和通信设备，把分布在不同地理位置具有独立功能的多台计算机系统、终端及其附属设备互相连接起来，以功能完善的网络软件（网络操作系统和网络通信协议等）实现资源共享和数据通信的计算机系统集合，它是计算机技术和通信技术相结合的产物。

如今，我们可以接触到各种各样的计算机网络，例如企业网、校园网、图书馆的图书检索网、商贸大楼内的无线网等。

### 7.1.1 计算机网络的功能

随着网络技术的发展和应用需求的提高，计算机网络功能在不断扩大，主要功能包括资源共享和数据通信。

**1. 资源共享**

所谓资源共享，就是共享网络上的硬件资源、软件资源和信息资源。

（1）硬件资源。计算机的许多硬件设备是十分昂贵的，为避免重复购置昂贵的硬件设备，提高设备利用率，连接在网络上的用户可以共享使用网络上不同类型的硬件设备。例如，可以进行复杂运算的巨型计算机、海量存储器、高速激光打印机、大型绘图仪和一些特殊的外设等。

（2）软件资源。互联网上的软件资源极为丰富，如网络操作系统、应用软件、工具软件、数据库管理软件等。用户可以通过使用各种类型的网络应用软件，共享远程服务器上的软件资源；也可以通过一些网络应用程序，将共享软件下载到本机使用，如匿名 FTP 就是一种专门提供共享软件的信息服务。

（3）信息资源。互联网就是一个巨大的信息资源宝库，涉及各个领域，内容极为丰富。每个接入互联网的用户可以在任何时间以任何形式去搜索、访问、浏览和获取这些信息资源。

**2. 数据通信**

组建计算机网络的主要目的是使分布在不同地理位置的计算机用户能够相互通信。利用网络的通信功能，人们可以进行各种远程通信，实现各种网络上的软件应用，如收发电子邮件、视频点播、视频会议、远程教学、远程医疗、即时通信等。

**3. 其他功能**

计算机网络除了上述功能之外，还有以下功能：

（1）提高系统的可用性。当网络中某台主机负担过重时，通过网络和一些应用程序的管理，可以将任务传送给网络中其他计算机进行处理，以平衡工作负荷，减少延迟，提高效率，充分发挥网络系统上各主机的作用。

（2）提高系统的可靠性。在银行、证券公司等要求实时控制和高可靠性的领域，通过计算机网络实现的备份技术可以提高计算机系统的可靠性。当某一台计算机发生故障时，可以立即由网络中的另一台计算机代替其完成所承担的任务。这种技术在铁路、工业控制、空中交通、电力供应等领域得到了广泛应用。

（3）实现分布式处理。对于大型任务或当某台计算机的任务负荷太重时，可采用合适的算法将任务分散到网络中的其他计算机上进行处理。

### 7.1.2 计算机网络的组成与分类

计算机网络是计算机技术和通信技术紧密结合的产物，在当今信息社会起着举足轻重的作用。为使计算机网络技术能更好地服务于社会，高效地组建和管理计算机网络，因此，我们不仅要会使用计算机网络，还要了解计算机网络的组成与分类。

**1. 计算机网络的组成**

一个典型的计算机网络主要由计算机系统、数据通信系统、网络软件三大部分组成。计算机系统是网络的基本模块，为网络中的其他计算机提供共享资源；数据通信系统是连接网络基本模块的桥梁，主要进行网络连接和信息交换；网络软件是网络的组织者和管理者，在网络协议的支持下，为网络用户提供各种服务。

（1）计算机系统。计算机系统主要完成数据信息的收集、存储、处理和输出，提供各种网络资源。计算机系统根据在网络中的用途可分为两类：主计算机和终端。主计算机又称主机，主要由大型机、中小型机和高档微机组成。

（2）数据通信系统。数据通信系统主要由通信控制处理机、传输介质和网络连接设备组成。

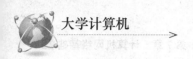

（3）网络软件。网络软件一般包括网络操作系统、网络协议、网络管理和网络应用软件等。

**2. 计算机网络的分类**

根据不同的分类标准，可对计算机网络进行不同的分类。通常采用的分类方法如下。

1）按网络覆盖的地理范围分类

按照网络覆盖的地理范围分类，可以将计算机网络分为局域网、城域网、广域网。

（1）局域网（Local Area Network，LAN）是一种在小范围内实现的计算机网络，一般指在一个建筑物内或一个工厂、一个单位内部。局域网覆盖的范围一般在几十米到几十千米以内。网络传输速率高，从 10 Mb/s 到 100 Mb/s，甚至可以达到 10 Gb/s。各种计算机可以通过局域网共享资源，如打印机或数据库等。局域网通常归属于一个单一的组织管理。

（2）城域网（Metropolitan Area Network，MAN）规模局限于一个城市的范围内，覆盖的地理范围可从几十千米到上百千米，是一种中等规模的网络。城域网的设计目标是要满足几十千米范围内的大量企业、机关等多个局域网互连的需求，以实现用户之间的数据、语音、图形与视频等多种信息的传输功能。

（3）广域网（Wide Area Network，WAN）覆盖的地理范围从数百千米至数千千米，甚至上万千米，可以是一个地区或一个国家，甚至世界几大洲，故又称为远程网。广域网一般由中间设备（路由器）和通信线路组成，其通信线路大多借助于一些公用通信网，如 PSTN、DDN、ISDN 等。广域网信道传输速率较低，结构比较复杂，使用的主要是存储转发技术。广域网的作用是实现远距离计算机之间的数据传输和资源共享。Internet 几乎覆盖了全球甚至包括卫星等空间位置，所以它是目前最大的广域网。

2）按传输技术分类

按照传输技术分类，可以将计算机网络分为广播式网络和点对点网络。

（1）广播式网络：在广播式网络（Broadcast Network）中，仅有一条通信信道，网络上的所有计算机都共享这一条公共通信信道。当一台计算机在信道上发送分组或数据包，网络中的每台计算机都会接收到这个分组，并且将自己的地址与分组中的目的地址进行比较，如果相同，则处理该分组，否则将它丢弃。

（2）点对点网络：与广播式网络相反，在点对点（Point to Point）网络中，每条物理线路连接两台计算机。假如两台计算机之间没有直接连接的线路，那么它们之间的分组传输就要通过一个或多个中间节点的接收、存储、转发，才能将分组从信源发送到目的地。采用分组存储转发与路由选择机制是点对点网络与广播式网络的重要区别。

3）按局域网的标准协议分类

根据网络所使用的局域网标准协议分类，可以把计算机网络分为以太网（IEEE 802.3）、快速以太网（IEEE 802.3u）、千兆以太网（IEEE 802.3z 和 IEEE 802.3ab），以及万兆以太网（IEEE 802.3ae）和令牌环网（IEEE 802.5）等。

4）按使用的传输介质分类

传输介质是指数据传输系统中发送装置和接收装置间的物理媒体，按其物理形态可以划分为有线和无线两大类。常用的有线传输介质有双绞线、同轴电缆和光纤，常用的无线传输介质有无线电、微波、红外线、激光等。

5）按网络的拓扑结构分类

计算机网络的物理连接形式称为网络的物理拓扑结构。连接在网络上的计算机、大容量的外存、高速打印机等设备均可看作是网络上的一个节点。计算机网络中常用的拓扑结构有总线结构、星状结构、环状结构、混合结构等。

6）按所使用的网络操作系统分类

根据网络所使用的操作系统分类，分为 NetWare 网、UNIX 网、Windows NT 网、3 + 网等。

### 7.1.3　计算机网络的体系结构

计算机网络的体系结构采用了层次结构的方法来描述复杂的计算机网络，把复杂的网络互连问题划分为若干个较小的、单一的问题，并在不同层次上予以解决。

**1. OSI 参考模型**

国际标准化组织（ISO）于 1977 年成立了一个专门的机构针对"如何将不同的计算机网络进行互连"开展研究，提出了将世界范围内计算机互连成网的标准框架，即著名的开放系统互连参考模型（Open Systems Interconnection Reference Model，OSI/RM），简称为 OSI。所谓"开放"，是指只要遵循 OSI 标准，世界各地的任何网络系统间均可进行通信。

OSI 参考模型采用了层次结构，将整个网络的通信功能划分成七个层次，每个层次完成不同的功能。这七层由低层至高层分别是物理层、数据链路层、网络层、传输层、会话层、表示层和应用层。

OSI 的核心内容包含高、中、低三部分：高层面向网络应用，低层面向网络通信的各种功能划分，中间层起到信息转换、信息交换（或转接）和传输路径选择等作用，即路由选择。

**2. TCP/IP 参考模型**

OSI 参考模型的提出在计算机网络发展史上具有里程碑的意义，但是，OSI 参考模型具有定义过于繁杂、实现困难等缺点。与此同时，TCP/IP 的提出和广泛使用，特别是因特网用户的迅速增长，使 TCP/IP 网络的体系结构日益显示出其重要性。

TCP/IP 是目前最流行的商业化网络协议，已经被公认为目前的工业标准或"事实标准"。因特网之所以能迅速发展，就是因为 TCP/IP 能够适应和满足世界范围内数据通信的需要。

1）TCP/IP 的特点

（1）开放的协议标准，可以免费使用，并且独立于特定的计算机硬件与操作系统。

（2）独立于特定的网络硬件，可以运行在局域网、广域网以及互联网中。

（3）统一的网络地址分配方案，使得整个 TCP/IP 设备在网络中都具有唯一的地址。

（4）标准化的高层协议，可以提供多种可靠的用户服务。

2）TCP/IP 参考模型的层次

与 OSI 参考模型不同，TCP/IP 参考模型将网络划分为四层，它们分别是应用层（Application Layer）、传输层（Transport Layer）、网际层（Internet Layer）和网络接口层（Network

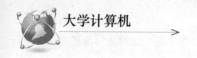
Interface Layer）。

OSI 参考模型与 TCP/IP 参考模型的对应关系如图 7–1 所示。

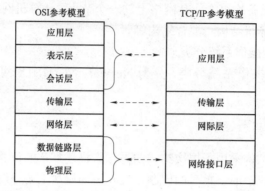

图 7–1　OSI 参考模型与 TCP/IP 参考模型的对应关系

# 7.2　Internet 基础

Internet 已得到了广泛的普及与应用，并影响着人们的工作和生活方式。据统计，Internet 上提供的服务多达 65 500 多种，并且多数服务是免费提供的。随着 Internet 的发展，它所提供的服务将会进一步增加。其中，最基本、最常用的服务功能有 WWW、电子邮件（E-mail）、文件传输（FTP）、远程登录（Telnet）、即时通信和电子商务等。

## 7.2.1　Internet 概念与特点

Internet 起源于美国国防部高级研究计划局所组建的计算机网络 ARPANET（Advanced Research Projects Agency Network）。在 20 世纪 60 年代末期，美国国防研究部门提出了大胆的构想：建立一个计算机网络，当网络中的一部分被破坏时，其余网络部分能够很快建立起新的联系。根据构想采用 TCP/IP 作为基础协议，在美国的 4 个地区进行了网络互连试验。但当时并没有考虑要把这项技术转为民用。

1989 年，由 CREN 开发的 WWW（World Wide Web，万维网），成功地为 Internet 实现广域网奠定了基础。从此，Internet 开始迅速发展。

### 1. Internet 概念

因特网（Internet）是一组全球信息资源的总汇。Internet 是由许多小的网络（子网）互连而成的一个逻辑网，每个子网中连接着若干台计算机（主机）。Internet 以相互交流信息资源为目的，基于一些共同的协议，并通过许多路由器和公共互联网连接而成的全球网络。

### 2. Internet 的特点

Internet 采用了目前最流行的客户机/服务器工作模式，所有使用 TCP/IP 协议，并能与 Internet 任意主机进行通信的计算机，无论是何种类型、采用何种操作系统，均可看成是 Internet 的一部分。

Internet 之所以获得如此迅猛的发展，主要归功以下特点：

（1）灵活多样的入网方式。这是由于 TCP/IP 成功地解决了不同的硬件平台、网络产品、操作系统之间的兼容性问题。

（2）采用了分布式网络中最为流行的客户机/服务器模式，大大提高了网络信息服务的灵活性。

（3）将网络技术、多媒体技术和超文本技术融为一体，体现了现代多种信息技术互相融合的发展趋势。

（4）方便易行。任何地方仅需通过传输介质和普通计算机即可接入 Internet。

（5）向用户提供极其丰富的信息资源，包括大量免费使用的资源。

（6）具有完善的服务功能和友好的用户界面，操作简便，无须用户掌握更多的专业计算机知识。

## 7.2.2　IP 地址与域名

为了实现 Internet 上计算机之间的通信，每台计算机都必须有一个地址，就像每部电话要有一个电话号码一样，每个地址必须是唯一的。在 Internet 中有两种主要的地址识别系统，即 IP 地址与域名。

### 1. IP 地址

我们在寄快递的时候，快递公司通过快递上的地址和邮政编码能将快递准确地送到对方手中。那么，在网络这个虚拟的世界中，数据是通过什么地址准确地送到目的主机的呢？

为使主机统一编址，Internet 采用网络层 IP 地址的编址方案。IP 定义了一个与底层物理地址无关的全网统一的地址格式——IP 地址，用该地址可以定位主机在网络中的具体位置。

根据 TCP/IP 规定，IPv4 地址用 4 个字节共 32 位二进制数表示，由网络号和主机号两部分组成。常用的表示方法是点分十进制法。将每个字节的二进制数转化为 0～255 的十进制数，各字节之间采用"."分隔，如 192.168.7.31。

为适应不同大小的网络，Internet 定义了 5 种类型的 IP 地址，即 A、B、C、D、E 类，使用较多的是 A、B、C 类，D 类用于多播，E 类为保留将来使用地址。

随着计算机网络技术的不断发展，计算机网络已经进入人们的日常生活，今后身边的每一样东西都有可能连入全球因特网。于是，全球对 IP 地址的需求量迅速增加，IP 地址出现了分配不足的情况。于是 IPv6 应运而生，IPv6 可以提供更大的地址空间，IPv6 中 IP 地址的长度为 128 位，即有 $2^{128}-1$ 个地址，解决了网络地址资源数量紧缺的问题，为更多设备连入互联网提供了保障。

### 2. 域名

IP 地址为 Internet 提供了统一的编址方式，直接使用 IP 地址就可以访问 Internet 中的主机。但 IP 地址很难记忆，为了方便用户，提供了一种字符型命名机制，即域名系统。

DNS 是域名系统（Domain Name System）的缩写，是因特网的一项核心服务，它作为可以将域名和 IP 地址相互映射的一个分布式数据库，能够使用户更方便地访问互联网。

域名采用分层次方法命名，每一层都有一个子域名。域名是由一串用小数点分隔的子域名组成。

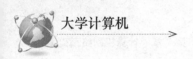

域名的一般格式为：

计算机名.组织机构名.网络名.最高层域名

为了方便管理及确保网络上每台主机的域名绝对不会重复，所以整个 DNS 结构被设计为四层，分别是根域、顶层域、第二层域和主机。

### 7.2.3 Internet 应用

Internet 是一个全球性的巨大计算机网络体系，把全球数以万计的计算机网络、数以亿计的主机连接起来，包含了难以计数的信息资源，向全世界提供信息服务。Internet 的主要应用有 WWW 服务、电子邮件服务、文件传输服务、远程登录服务、即时通信和电子商务等。

**1. WWW 服务**

WWW（World Wide Web，万维网）是 Internet 上被广泛应用的一种信息服务，它建立在 C/S 模式之上。以 HTML 语言和 HTTP 协议为基础，能够提供面向各种 Internet 服务的、统一用户界面的信息浏览系统。WWW 服务器利用超文本链路来链接信息页，这些信息页既可放置在同一主机上，也可以放置在不同地理位置的不同主机上。文本链路由统一资源定位器（URL）维持，WWW 客户端软件负责如何显示信息和向服务器发送请求。

WWW 服务的特点在于高度的集成性，它能把各种类型的信息（如文本、图像、声音、动画、录像等）和服务（如 News、FTP、Telnet、Gopher、Mail 等）无缝连接，提供生动的图形用户界面（GUI）。WWW 为用户提供了查找和共享信息的手段，是进行动态多媒体交互的最佳方式。

**1）WWW 的相关概念**

（1）超文本与超链接。对于文字信息的组织，通常是采用有序的排列方法。如读者常是从书的第一页到最后一页顺序地查阅他所需要了解的知识。随着计算机技术的发展，信息组织方式不断更新，超文本就是其中一种新的信息组织方式。

所谓"超文本"，是指信息组织形式不再是简单的顺序排列，而是用由指针链接的复杂的网状交叉索引方式，对不同来源的信息加以链接。可以链接的有文本、图像、动画、声音或影像等，而这种链接关系称为"超链接"。

（2）超文本传输协议 HTTP。HTTP 是 Internet 可靠地传送文本、声音、图像等各种多媒体文件所使用的协议。它是 Web 操作的基础，能够保障正确传输超文本文档，是一种最基本的客户机/服务器的访问协议。通常，它通过浏览器向服务器发送请求，而服务器则回应相应的请求。它可以使浏览器更加高效，使网络传输流量减少。

（3）统一资源定位器 URL。网页位置、该位置的唯一名称及访问网页所需的协议，这三个要素共同定义了统一资源定位符（Uniform Resource Locator，URL）。在万维网上使用 URL 来标识各种文档，并使每一个文档在整个因特网范围内具有唯一的标识符 URL。URL 为网上资源的位置提供了一种抽象的识别方法，并用这种方法进行资源定位。

URL 的格式如下（URL 中的字母不区别大小写）：

<URL 的访问方法>：//<主机>：<端口>/<路径>

其中，<URL 的访问方法>表示要用来访问一个对象的方法名（一般是协议名），<主机>一项

是必需的，<端口>和<路径>有时可省略。

2）WWW 的基本工作原理

WWW 的工作采用浏览器/服务器体系结构，主要由两部分组成：Web 服务器和客户端的浏览器。当访问因特网上的某个网站时，客户端使用浏览器向网站的 Web 服务器发出访问请求。Web 服务器接受请求后，找到存放在服务器上的网页文件，然后将文件通过因特网传送给客户端。最后浏览器将文件进行处理，把文字、图片等信息显示在屏幕上。

3）WWW 浏览器

WWW 的客户端程序被称为 WWW 浏览器，它是一种用于浏览 Internet 上主页（Web 文档）的软件，是 WWW 的窗口。WWW 浏览器为用户提供了寻找 Internet 上内容丰富、形式多样的信息资源的便捷途径，用户可以利用它浏览多姿多彩的 WWW 世界。

现在的浏览器功能非常强大，利用它可以访问 Internet 上的各类信息。更重要的是，目前的浏览器基本上都支持多媒体，可以通过浏览器来播放声音、动画与视频。

**2. 电子邮件服务（E-mail）**

电子邮件简称 E-mail（Electronic mail），它是利用计算机网络的通信功能实现信件传输的一种技术，是 Internet 上最早出现的服务之一。于 1972 年由 Ray Tomlinson 发明，与传统通信方式相比、电子邮件具有以下优点：

（1）与传统邮件相比，传递迅速，花费更少，可达到的范围广，并且可以实现一对多的邮件传送。

（2）可以将文字、图像、语音等多种类型的信息集成在一个邮件里传送，因此，它将成为多媒体信息传送的重要手段。

1）电子邮件服务器

电子邮件服务器（Mail Server）是 Internet 邮件服务系统的核心，它在 Internet 上充当"邮局"角色。用户使用的电子邮箱建立在邮件服务器上，借助它提供的邮件发送、接收、转发等服务，用户的信件通过 Internet 被送到目的地。

如果我们要使用电子邮件服务，首先要拥有一个电子邮箱（Mail Box）。电子邮箱是由提供电子邮件服务的机构（一般是 ISP）为用户建立的。当用户向 ISP 申请 Internet 账号时，1SP 就会在它的邮件服务器上建立该用户的电子邮件账号，它包括用户名（User Name）与用户密码（PassWord）。利用拥有的用户名和密码登录电子邮箱后，就能够进行邮件处理。

2）电子邮件地址

电子邮件与传统邮件一样，也需要一个地址。在 Internet 上，每一个使用电子邮件的用户都必须在各自的邮件服务器上建立一个邮箱，拥有一个全球唯一的电子邮件地址，也就是我们通常所说的邮箱地址。电子邮件地址采用基于 DNS 所用的分层命名的方法，其结构为：

Username@Hostname.Domain-name，或者是：用户名@主机名

其中，Username 表示用户名，代表用户在邮箱中使用的账号；@表示 at（即中文"在"的意思）；Hostname 表示用户邮箱所在的邮件服务器的主机名；Domain-name 表示邮件服务器所在域名。

**3. 文件传输服务（FTP）**

互联网上除了有丰富的网页供用户浏览外，还有大量的共享软件、免费程序、学术文献、

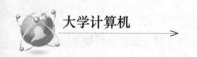

影像资料、图片、文字、动画等多种不同功能、不同展现形式、不同格式的文件供用户获取。利用文件传输协议 FTP（File Transfer Protocol），用户可以将远程主机上的这些文件下载（Download）到自己的磁盘中，也可以将本机上的文件上传（Upload）到远程主机上。

1）FTP 的基本工作过程

FTP 服务系统是典型的客户机/服务器工作模式。提供 FTP 服务的计算机称为 FTP 服务器，用户的本地计算机称为客户机。

FTP 是一种实时的联机服务，用户在访问 FTP 服务器之前必须进行登录，才能访问 FTP 服务器，并对授权的文件进行查阅和传输。FTP 的这种工作方式限制了 Internet 上一些公用文件及资源的发布。为此，多数 FTP 服务器都提供一种匿名 FTP 服务。

2）FTP 的主要功能

通过 FTP 协议，用户计算机和远程计算机间可以进行文件传输。FTP 的主要功能如下。

（1）把本地计算机上的一个或多个文件传送到远程计算机上（上传），或从远程计算机上获取一个或多个文件（下载）。传送文件实质上是将文件进行复制，对源文件不会有影响。

（2）能够传输多种类型、多种结构、多种格式的文件，比如，文本文件或二进制文件。此外，还可以选择文件的格式控制以及文件传输的模式等。用户可以根据通信双方所用的系统及要传输的文件，确定在文件传输时选择哪一种文件类型和结构。

（3）提供对本地计算机和远程计算机的目录操作功能，可在本地计算机或远程计算机上建立或者删除目录、改变当前工作目录及打印目录和文件列表等。

（4）对文件进行改名、删除、显示文件内容等。

**4. 远程登录服务（Telnet）**

远程登录（Telecommunication Network Protocol，Telnet）是最主要的 Internet 应用之一，也是最早的 Internet 应用。

1）Telnet 的作用

Telnet 允许 Internet 用户从其本地计算机登录到远程服务器上，一旦建立连接并登录到远程服务器上，用户就可以向其输入数据、运行软件，就像直接登录到该服务器一样，可以做任何其他操作。Internet 远程登录服务的主要作用是：

（1）允许用户与在远程计算机上运行的程序进行交互。

（2）可以执行远程计算机上的任何应用程序，并且能屏蔽不同型号计算机之间的差异。

（3）用户可以利用个人计算机去完成许多只有大型计算机才能完成的任务。

2）Telnet 基本工作原理

与其他 Internet 服务一样，Telnet 服务系统也是客户机/服务器工作模式，主要由 Telnet 服务器、Telnet 客户机和 Telnet 通信协议组成。在用户要登录的远程主机上，必须运行 Telnet 服务软件；在用户的本地计算机上需要运行 Telnet 客户软件，用户只能通过 Telnet 客户软件进行远程访问。Telnet 服务软件与客户软件协同工作，在 Telnet 通信协议的协调指挥下，完成远程登录功能。

**5. 即时通信**

即时通信（Instant Messaging，IM）主要提供基于互联网的客户端进行实时语音、文字传输功能。这是一种可以让使用者在网络上建立某种私人聊天室（Chat Room）的实时通信服务。目前主流的聊天软件有阿里旺旺、QQ、微博、微信等。

微信（wechat）是腾讯公司于 2011 年 1 月 21 日推出的一个为智能终端提供即时通信服务的免费应用程序，支持跨通信运营商、跨操作系统平台通过网络快速发送免费（需消耗少量网络流量）语音短信、视频、图片和文字的功能，同时，也可以共享流媒体内容的资料和基于位置的社交插件"摇一摇""漂流瓶""朋友圈""公众平台""语音记事本"等服务插件。

**6. 电子商务**

电子商务是以信息网络技术为手段，以商品交换为中心的商务活动；也可理解为在互联网（Internet）、企业内部网（Intranet）和增值网（VAN，Value Added Network）上以电子交易方式进行交易活动和相关服务的活动，是传统商业活动各环节的电子化、网络化、信息化。

常见的电子商务模式有 B2B、B2C、C2C、O2O 等。具体如表 7-1 所示。

表 7-1　电子商务模式及其描述

| 名称 | 描述 |
|------|------|
| B2B | business to business（企业对企业），以阿里巴巴、环球资源、慧聪网等为代表 |
| B2C | business to customer（企业对个人），以京东商城、亚马逊等为代表 |
| C2C | customer to customer（个人对个人），以淘宝、ebay 等为代表 |
| O2O | Online to Offline（在线离线/线上到线下），是指将线下的商务机会与互联网结合，让互联网成为线下交易的平台，这个概念最早来源于美国 |

# 7.3　局　域　网

局域网是一种在小范围内实现的计算机网络，通常建立在集中的工业区、商业区、政府部门和大学校园中，应用范围非常广泛，从简单的数据处理到复杂的数据库系统，从管理信息系统到分散过程控制等，都需要局域网的支撑。

从应用角度看，局域网有以下四个方面的特点。

（1）局域网覆盖的地理范围有限，一般在几十米到几十千米以内。适用于校园、机关、公司、工厂等有限范围内的计算机、终端与各类信息处理设备联网的需求。

（2）数据传输速率高，误码率低。

（3）可根据不同需求选用多种通信介质，例如，双绞线、同轴电缆、光纤、微波、红外

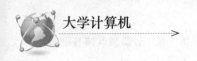

线、无线电波、激光等。

（4）通常属于一个单位所有，终端数量不多，易于建立、管理与维护。

从总体来说，局域网由硬件和软件两部分组成。硬件部分主要包括计算机、外围设备、网络互连设备；软件部分主要包括网络操作系统、通信协议、应用软件。

### 7.3.1 网络传输介质

数据可以通过双绞线、同轴电缆、光纤等有线介质以及微波、红外线、激光、卫星线路等无线传输介质在联网设备间传递。常见的网络传输介质主要包括以下几种。

**1. 双绞线**

双绞线是将一对或多对相互绝缘的铜芯线绞合在一起，再用绝缘层封装而形成的传输介质，分为非屏蔽双绞线（Unshielded Twisted Pair，UTP）和屏蔽双绞线（Shielded Twisted Pair，STP）两大类。

目前，局域网最常用的有线传输介质是 UTP，两端安装有 RJ-45 接头，用于连接网卡、交换机等设备。双绞线的优点在于其布线成本低，线路更改及扩充方便，RJ-45 接口形式在局域网设备中普及度高，容易配置。

**2. 同轴电缆**

同轴电缆由内部铜质导体环绕绝缘层、绝缘层外的金属屏蔽网和最外层的护套组成。这种结构的金属屏蔽网可防止传输信号向外辐射电磁场，同时防止外界电磁场干扰传输信号。

**3. 光纤**

光纤是光导纤维的简称，它是广域网骨干通信介质的首选。光纤是一种细长多层同轴圆柱形实体复合纤维，其简化结构自内向外依次为：纤芯、包层、护套。光纤具有带宽高、信号损耗低、不易受电磁干扰、介质耐腐蚀且材料来源广泛等传统通信介质无法比拟的优势。

光纤接入是指局端与用户之间完全以光纤作为传输媒体的接入技术。光纤接入网（Optical Access Network，OAN）主要的传输媒质是光纤，实现接入网的信息传送功能。

光纤接入方式主要有 FTTB（光纤到大楼）、FTTC（光纤到路边）、FTTH（光纤到用户）3 种形式。

（1）FTTB：光网络单元（ONU）设置在大楼内的配线箱处，为大中型企事业单位及商业用户服务，提供高速数据、电子商务、可视图文等宽带业务。

（2）FTTC：光网络单元（ONU）设置在路边，从 ONU 出来的电信号再传送到各个用户，一般用同轴电缆传送视频业务，用双绞线传送电话业务。

（3）FTTH：光网络单元（ONU）放置在用户住宅内，为家庭用户提供各种综合宽带业务。

**4. 无线传输介质**

无线传输介质通过电磁波或光波携带、传播信息信号。常见的无线传输介质有微波、红外线、无线电波、激光等。在局域网环境中，无线通信技术得到了广泛的应用，其灵活性给家庭用户、移动办公用户提供了极大的方便，使得支持蓝牙、Wi-Fi 等无线技术标准的通信产品得到了迅速的普及。

### 7.3.2　案例应用：家庭常用无线路由器的设置

随着智能便携终端的流行，无线路由器成为每个家庭必备物品，现在以市面最普遍的家庭常用无线路由器为例，介绍路由器的部署流程。

第一步：物理（线缆）连接，如图 7-2 所示。

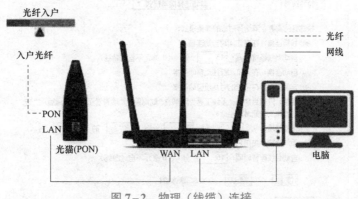

图 7-2　物理（线缆）连接

（1）首先用网线将无线路由器连接至运营商提供的 Internet 网关（学名 Gpon 终端，俗称光猫），网线一端连接路由器的 WAN 口，另一端插入连接光猫的 LAN 口。

（2）再用一根网线将无线路由器的 LAN 口连接至台式机的网卡插口。

（3）最后将无线路由器加电。

第二步：路由器相关参数配置。

（1）在路由器的背面可以看到路由器的 IP 地址，一般为 192.168.1.1，部分设备是192.168.0.1。

（2）打开浏览器，在地址栏输入路由器的 IP 地址，密码一般是"admin"或者空，特别说明如下：

① 手机端浏览器配置路由器，首先将手机 Wi-Fi 连接至当前设备的服务集标识 SSID，连接成功后，在手机浏览器地址栏输入路由器的 IP 地址。

② 电脑端浏览器配置路由器，则需要首先将台式机的网卡参数调整为"自动获取"状态，获取地址参数后在电脑端的浏览器输入上述地址进行配置即可。

（3）登录之后在左侧导航栏选择"网络参数"→"WAN 口设置"命令，在右侧输入网络供应商提供的账号和密码，单击"保存"按钮即可，如图 7-3 所示。

（4）在左侧菜单栏单击"无线设置"→"基本设置"命令，然后在右侧的"SSID 号"中输入无线 Wi-Fi 名称（SSID），单击"保存"按钮即可，如图 7-4 所示。

上述基本配置完成后，路由器虽然可以使用，但还不够安全，需进行下面几步设置。

（5）在左侧选择"无线安全设置"下级菜单中的"WPA-PSK/WPA2-PSK"栏，在"PSK

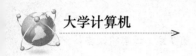

密码:"栏中输入自己的 Wi-Fi 密码（要求长度不少于 8 个字符，采用数字及大小写字母，最好再结合特殊符号），单击"保存"按钮，如图 7-5 所示。

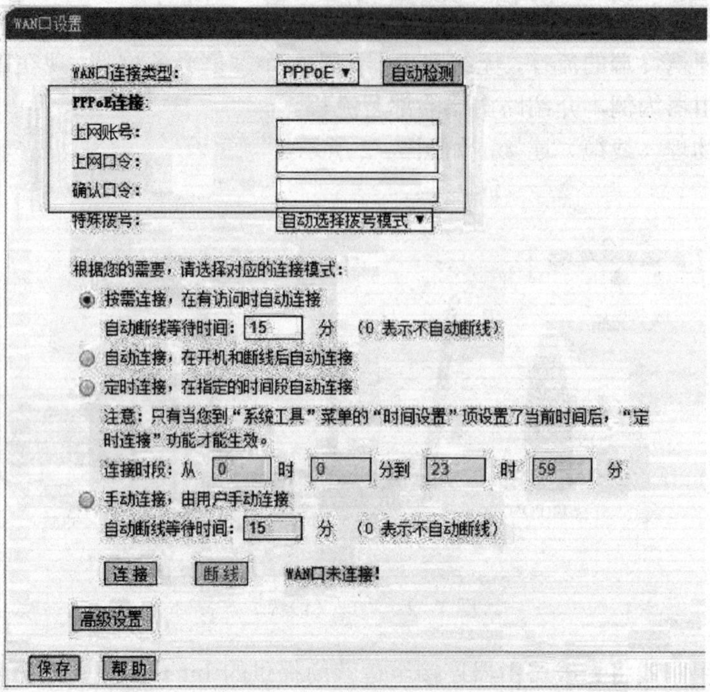

图 7-3　WAN 口设置

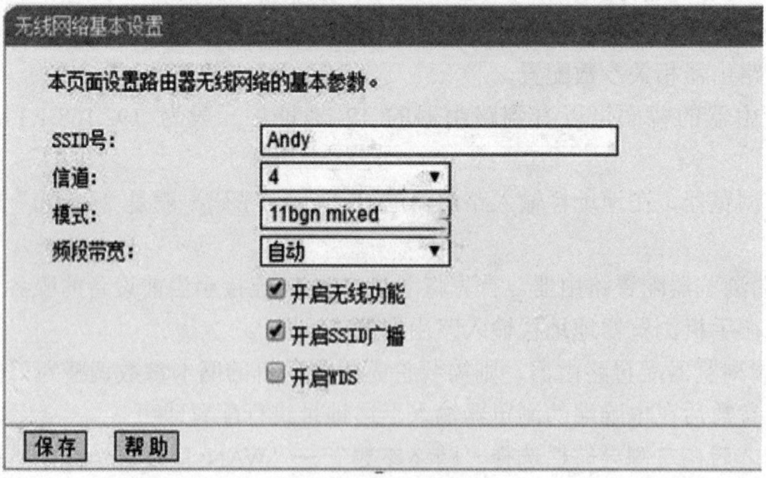

图 7-4　无线网络基本设置

（6）路由器默认的设备登录口令"admin"安全性较低，因此，需要修改设备登录口令来加固路由器设备本身的安全。在左侧导航栏中选择"系统工具"→"修改登录口令"命令，并在右侧对应框内输入原密码"admin"及新设登录密码，要尽量复杂，然后单击"保存"按钮，完成登录口令修改。修改登录口令对话框如图 7-6 所示。

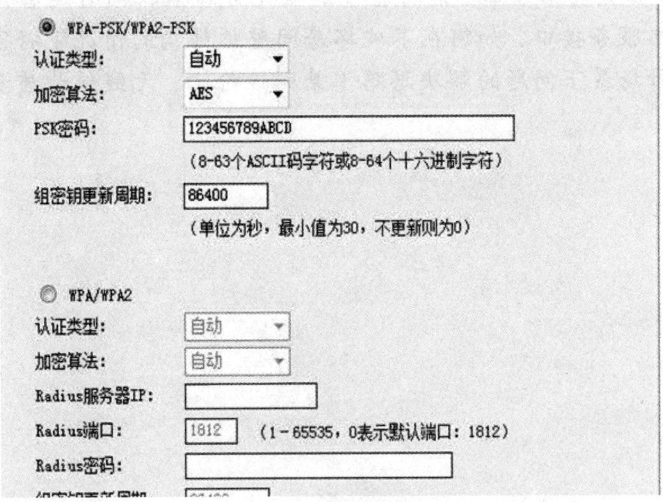

图 7-5 无线网络安全设置

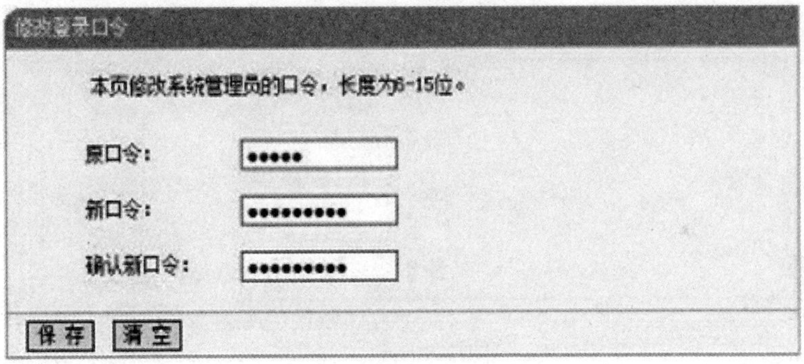

图 7-6 修改登录口令

（7）重启路由器。在左侧菜单栏中选择"系统工具"→"重启路由器"命令，并在右侧弹窗单击"重启路由器"按钮确认重启。设备固件重新加载完毕后，完成无线路由器配置。

## 思考

1. 现实世界中，人与人之间的交往有不少约定俗成的礼仪，在网络虚拟世界中，也同样有一套不成文的规定及礼仪，即网络礼仪，你了解网络礼仪吗？在撰写和收发 E-mail 时，应该注重的网络礼仪有什么？

2. 在线购物者最为担心的是在线支付的安全性，以及在交易过程中个人信息以及信用卡账号信息等是否会被泄露。针对这一问题，请你对目前的在线支付方式和安全链接、安全网站等进行一次调研，然后提出自己的见解及观点。

3. 假设你的朋友上周刚刚搬进新家，新家是楼上楼下结构的复式别墅，单个无线路由器无论放在哪个位置其信号都不能将整个别墅充分覆盖，同时运营商只是在一楼弱电箱提供了一个网络服务接口，如何在不破坏房间整体结构的情况下将家庭上网服务布设到位？请写出这种场景下问题的解决思路（兼顾性价比、无线信号质量以及对居家环境的影响）。

# 第8章 新一代信息技术

📌 **学习目标**

- 了解物联网、云计算、大数据、人工智能、区块链等新一代信息技术的基本概念、特征和关键技术；
- 熟悉新一代信息技术之间的联系；
- 掌握各种新一代信息技术的典型应用。

新一代信息技术，不仅是指信息领域的一些分支技术的纵向升级，更主要的是指信息技术的整体平台和产业的代际变迁。《国务院关于加快培育和发展战略性新兴产业的决定》中列出了国家战略性新兴产业体系，其中就包括"新一代信息技术产业"。

近年来，以物联网、云计算、大数据、人工智能、区块链为代表的新一代信息技术产业正在酝酿着一轮新的信息技术革命。新一代信息技术产业不仅重视信息技术本身和商业模式的创新，而且强调信息技术渗透、融合到社会和经济发展的各个行业，推动其他行业的技术进步和产业发展。新一代信息技术产业发展的过程，实际上也是信息技术融入社会经济发展各个领域，创造新价值的过程。

## 8.1 初识新一代信息技术

### 8.1.1 物联网

**1. 基本概念**

物联网（IOT）的英文名称为"The Internet of Things"，即"物物相连的互联网"。物联网的核心和基础仍然是互联网，它是在互联网基础上的延伸和扩展。

从网络结构上看，物联网就是通过 Internet 将众多信息传感设备与应用系统连接起来并在广域网范围内对物品身份进行识别的分布式系统。

**2. 特征**

（1）全面感知：利用 RFID、传感器、二维码等随时随地获取物体的信息。

（2）可靠传递：通过无线网络与互联网的融合，将物体的信息实时准确地传递给用户。

（3）智能处理：利用云计算、数据挖掘以及模糊识别等人工智能技术、对海量的数据和

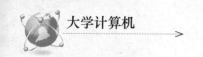

信息进行分析和处理，对物体实施智能化的控制。

**3. 层次结构**

物联网由感知层、网络层、应用层构成。物联网的层次结构如图 8−1 所示。

感知层主要实现对物理世界的智能感知识别、信息采集处理和自动控制，并通过通信模块将物理实体连接到网络层和应用层。

网络层主要实现信息的传递、路由和控制，包括延伸网、接入网和核心网，网络层可依托公众电信网和互联网，也可以依托行业专用通信网络。

应用层包括应用基础设施/中间件和各种物联网应用，应用基础设施/中间件为物联网应用提供信息处理、计算等通用基础服务设施、能力及资源调用接口，以此为基础实现物联网在众多领域的应用。

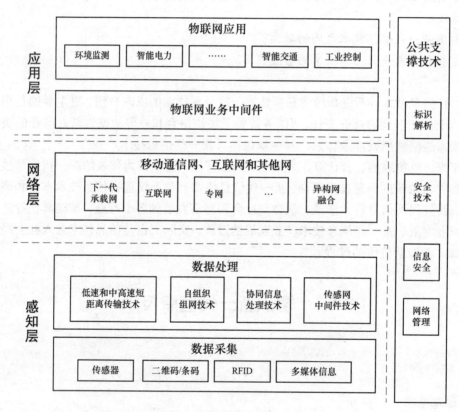

图 8−1　物联网的层次结构

**4. 关键技术**

感知层的关键技术包括 RFID 技术、条形码、传感器技术、无线传感器网络技术、产品电子码 EPC。网络层的关键技术包括 ZigBee 技术、Wi−Fi 无线网络、蓝牙技术、GPS 技术。应用层关键技术包括云计算技术、软件和算法、信息和隐私安全技术、标识和解析技术。

**5. 典型应用**

（1）智慧物流。智慧物流是指以物联网、大数据、人工智能等信息技术为支撑，在物流运输、仓储、配送等各个环节实现系统感知、全面分析及处理等功能。通过物联网技术实现对货物的监测以及运输车辆的监测，提高运输效率，提升整个物流行业的智能化水平。

（2）智慧交通。智慧交通是指利用信息技术将人、车和路紧密地结合起来，改善交通运输环境、保障交通安全以及提高资源利用率。物联网技术在智慧交通的具体应用包括智能公交车、共享单车、车联网、充电桩监测、智能红绿灯以及智慧停车等。

（3）智能安防。安防是物联网的一大应用市场，因为安全永远都是人们的基本需求。传统安防对人员的依赖较大，智能安防能够通过智能设备实现智能判断。目前智能安防最核心的部分是智能安防系统。

（4）智能家居。智能家居指使用智能方法和设备，改善人们的生活水平，使家庭变得更舒适、安全和高效。物联网应用于智能家居领域，能够对家居类产品的位置、状态、变化进行监测，分析其变化特征，根据需求进行反馈。智能家居行业发展分为三个阶段：单品连接、物物联动和平台集成。当前，智能家居处于单品向物物联动过渡阶段。

除此以外，物联网技术在智慧能源环保、智能医疗、智慧建筑、智能制造、智能零售、智慧农业等许多方面也有相当广泛的应用和良好的发展前景。

## 8.1.2　云计算

### 1. 基本概念

云计算是一种通过 Internet 以服务的方式提供动态可伸缩的虚拟化资源的计算模式，使人们像用电一样享用信息的应用和服务。

云计算作为一个新的理念、新的融合技术、网络应用模式，由 Google 于 2006 年首次提出。微软正以"基于云计算的人工智能业务"为引领走向新时代。在国内，百度、阿里巴巴、腾讯三大运营商，华为、浪潮、金山、360 等各路 ICT 巨头纷纷涌入云计算领域。

### 2. 特征

云计算是分布式计算（Distributed Computing）、并行计算（Parallel Computing）、效用计算（Utility Computing）、网络存储（Network Storage Technologies）、虚拟化（Virtualization）、负载均衡（Load Balance）等传统计算机和网络技术发展融合的产物。

云计算具有超大规模、高可扩展性、高可靠性、资源抽象、虚拟化、按需服务、极其廉价、通用性强的特点。

### 3. 服务模式

云计算服务模式包括基础设施即服务（Infrastructure as a Service，IaaS）、平台即服务（Platform as a Service，PaaS）、软件即服务（Software as a Service，SaaS）。

IaaS 是把数据中心、基础设施等硬件资源通过 Web 分配给用户的商业模式；PaaS 针对应用开发者提供软件开发与运行环境服务；SaaS 是一种通过 Internet 提供软件的模式，用户无须购买软件，而是向提供商租用基于 Web 的软件，来管理企业经营活动。

### 4. 核心技术

IaaS 的核心技术包括虚拟化技术、分布式存储技术、高速网络技术、超大规模资源管理技术、云服务计费技术。PasS 的核心技术包括 REST 技术、多租户技术、并行计算技术、应用服务器技术、分布式缓存技术。SaaS 的核心技术包括大规模多租户支持、认证和安全、

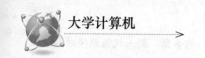

定价和计费、服务整合、开发和定制。

5. 典型应用

（1）政府行业。近年来，在国家大力引导和产业各界的共同推动下，我国政务云行业发展迅猛，在助力政务建设、打破信息孤岛、实现数据共享共治方面效果显著。政务云用云量增长迅猛，超过金融、互联网等其他行业。整体来看，我国政务云行业正走出"重建设、轻应用"的快速建设期，IaaS 模式向 PaaS 和 SaaS 模式演进成为趋势，通过采购政务云服务打破数据壁垒、提升智慧办公能力、提高民众办事效率已成为政府部门关注的焦点。

（2）金融行业。《国务院关于积极推进"互联网＋"行动的指导意见》明确指出，互联网＋普惠金融是重点推进方向，鼓励金融机构利用云计算、移动互联网、大数据等技术手段加快金融产品和服务创新。

（3）工业领域。2017 年，国务院发布《关于深化"互联网＋先进制造业"发展工业互联网的指导意见》，指出工业互联网作为新一代信息技术与制造业深度融合的产物，日益成为新工业革命的关键支撑和深化"互联网＋先进制造业"的重要基石，对未来工业发展产生全方位、深层次、革命性影响。工业云在未来的发展中，将进一步与工业物联网、工业大数据、人工智能等技术融合，并深化在工业研发设计、生产制造、市场营销、售后服务等产品全生命周期、产业链全流程各环节的应用，迎来工业领域的全面升级。

（4）轨道交通行业。云计算技术具有虚拟化、弹性可扩展的计算能力以及按需购买等特点，是促进传统轨道交通行业信息化转型的一柄利器。云计算技术可为轨道交通服务提供应用平台和推广渠道。

（5）教育培训。云计算能够帮助教育系统建设高质量的教育资源库、高效的网络学习平台以及高集成化高科技化的教学管理系统。

（6）地图导航。利用智能手机的 GPS 功能，通过基于云技术的导航系统，可以实现查询交通路线、查看交通路况等。而地图、路况等信息，不需要预先装在手机中，而是存储在服务提供商的"云"中，用户按需获取即可。

### 8.1.3 大数据

1. 基本概念

大数据（Big Data）是指无法在一定时间范围内用常规工具进行捕捉、管理和处理的数据集合，是需要新处理模式才能具有更强的决策力、洞察发现力和流程优化能力的海量、高增长率和多样化的信息资产。

2. 特征

大数据具有 5V 特点，即大量（Volume）、高速（Velocity）、多样（Variety）、低价值密度（Value）和真实性（Veracity）。

3. 关键技术

从数据分析全流程的角度，大数据技术主要包括数据采集与预处理、数据存储和管理、数据处理与分析、数据安全和隐私保护等几个层面的内容。

大数据技术是许多技术的集合，主要包括关系数据库、数据仓库、数据采集、ETL、OLAP、数据挖掘、数据隐私和安全、数据可视化等技术。

**4. 大数据的数据处理思维和方法特点**

（1）不是抽样统计，而是面向全体样本。

（2）允许不精确和混杂性。

（3）不是因果关系，而是相互关系。

**5. 典型应用**

（1）制造业。利用工业大数据提升制造业水平，包括产品故障诊断与预测、分析工艺流程、改进生产工艺、优化生产过程能耗、工业供应链分析与优化。

（2）金融业。大数据在高频交易、社交情绪分析和信贷风险分析三大金融创新领域发挥重大作用。

（3）汽车行业。利用大数据和物联网技术的无人驾驶汽车，在不远的未来将走入我们的日常生活。

除此之外，大数据技术在互联网行业、餐饮行业、电信行业、能源行业、物流行业、城市管理、生物医学、社会安全领域、个人生活等领域也有广泛的深入应用。

## 8.1.4 人工智能

**1. 概念**

人工智能（Artificial Intelligence），英文缩写为 AI。它是研究、开发用于模拟、延伸和扩展人的智能的理论、方法、技术及应用系统的一门新的技术科学。

人工智能是研究怎样让计算机做一些通常认为需要智能才能做的事情，又称机器智能，主要研究智能机器所执行的通常与人类智能有关的智能，如判断、推理、证明、识别、感知、理解、设计、思考、规划、学习和问题求解等活动。

**2. 关键技术**

人工智能技术所取得的成就在很大程度上得益于目前机器学习理论和技术的进步。

（1）机器学习。机器学习是让机器能像人一样具有学习能力。机器学习是计算机科学和统计学的交叉，也是人工智能和数据科学的核心。让机器做一些大规模的数据识别、分拣、规律总结等人类做起来比较花时间的事情，是机器学习的本质目的。

（2）深度学习。深度学习是机器学习中一种基于对数据进行表征学习的方法，是一种能够模拟出人脑的神经结构的机器学习方法。深度学习能让计算机具有人一样的智慧，其发展前景必定是无限的。

深度学习（Deep Learning）中的重要分支——神经网络，或称人工神经网络（Artificial Neural Network，ANN），是一种模拟人脑的神经网络，以期能够实现类人工智能的机器学习技术。

卷积神经网络（Convolutional Neural Networks，CNN）是一类包含卷积计算且具有深度结构的前馈神经网络，是深度学习的代表算法之一。卷积神经网络普遍用在图像特征提取上，一些图像分类、目标检测、文字识别几乎都使用到卷积神经网络作为图像的特征提取方式。

（3）计算机视觉。计算机视觉是使用计算机及相关设备对生物视觉的一种模拟。它的主要任务就是通过对采集的图片或视频进行处理以获得相应场景的三维信息，用计算机实现人的视觉功能——对客观世界的三维场景的感知、识别和理解。计算机视觉技术的研究目标是使计算机具有通过二维图像认知三维环境信息的能力。

**3. 典型应用**

（1）教育培训。人工智能在教育中的应用包括自动批改作业、拍照搜题、在线答疑、语音识别测评、个性化学习等。

（2）新零售。通过分析用户使用习惯，推送音乐、新闻等信息；淘宝、京东、亚马逊这些网站能够提前预见客户需求，推荐让客户心动的商品。

（3）云识别。聊天机器人被视为 AI 最强大应用之一。支持 AI 的客服或聊天机器人可以回答诸如订单状态之类的简单问题，帮助公司和客户节省时间。

（4）卫生医疗。人工智能在医疗健康领域中的应用领域包括虚拟助理、医学影像、药物挖掘、营养学、生物技术、急救室/医院管理、健康管理、精神健康、可穿戴设备、风险管理和病理学等。

（5）安全防护。在监控摄像头系统中引入人工智能技术，利用人工智能判断画面中是否出现异常人员，如果发现可及时通知安保人员。越来越多的车站、景区、商场等场所都开始利用人工智能技术进行安全监控，为群众的安全保驾护航。

除此之外，人工智能技术广泛应用于金融评估、AI 艺术、新一代搜索引擎、机器翻译、自动驾驶、机器人、图像处理等领域。

## 8.1.5 区块链

**1. 概念**

区块链技术起源于比特币，其本质是创建一个去中心化的货币系统。区块链是一个分布式账本，一种通过去中心化、去信任的方式集体维护一个可靠数据库的技术方案。

从数据的角度来看，区块链是一种几乎不可能被更改的分布式数据库。这里的"分布式"不仅体现为数据的分布式存储，也体现为数据的分布式记录（即由系统参与者共同维护）。

从技术的角度来看，区块链并不是一种单一的技术，而是多种技术整合的结果。这些技术以新的结构组合在一起，形成了一种新的数据记录、存储和表达的方式。

**2. 特征**

（1）开放，共识。任何人都可以参与到区块链网络，每一台设备都能作为一个节点，每个节点都允许获得一份完整的数据库拷贝。节点间基于一套共识机制，通过竞争计算共同维护整个区块链。

（2）去中心，去信任。区块链由众多节点共同组成一个端到端的网络，不存在中心化的设备和管理机构。节点之间数据交换通过数字签名技术进行验证，无须互相信任，只要按照系统既定的规则进行，节点之间不能也无法欺骗其他节点。

（3）交易透明，双方匿名。区块链的运行规则是公开透明的，所有的数据信息也是公开的，因此每一笔交易都对所有节点可见。由于节点与节点之间是去信任的，因此节点之间无须公开身份，每个参与的节点都是匿名的。

（4）不可篡改，可追溯。单个甚至多个节点对数据库的修改无法影响其他节点的数据库，除非能控制整个网络中超过 51% 的节点同时修改，这几乎不可能发生。区块链中的每一笔交易都通过密码学方法与相邻两个区块串联，因此可以追溯到任何一笔交易的前世今生。

**3. 分类**

（1）公有链。无官方组织及管理机构，无中心服务器，参与的节点按照系统规则自由接入网络、不受控制，节点间基于共识机制开展工作。

（2）私有链。建立在某个企业内部，系统的运作规则根据企业要求进行设定，修改甚至是读取权限仅限于少数节点，同时仍保留着区块链的真实性和部分去中心化的特性。

（3）联盟链。由若干机构联合发起，介于公有链和私有链之间，兼具部分去中心化的特性。

**4. 典型应用**

目前，区块链应用已从金融领域向经济社会的各行业领域加快渗透发展。从具体行业来看，区块链应用于经济、智慧城市、政务服务和互联互通等领域。从应用场景来分，目前还主要是供应链管理、金融、交易验真、支付清算、溯源防伪、确权存证、电子验签、数据共享等。

（1）金融行业。区块链具备数据可追溯、不可篡改、智能合约自动执行等技术特点，使其在金融领域有天然的结合能力，有助于缓解金融领域在信任、效率、成本控制、风险管理以及数据安全等方面的问题。区块链与金融行业的深度融合主要体现在链下资产的链上流通，即数字资产，它是金融市场的核心，也是数字经济未来发展的重要基础。

（2）物流行业。区块链可以优化物流流程，通过区块链与电子签名技术的结合，将单据和签收全程上链，通过智能合约实现自动对账，在物流追踪方面利用区块链的透明化、可追溯、不可篡改特性保证物流全流程的真实可靠。

（3）保险。区块链技术能够帮助保险业构建起基于线上的安全信任和智能赔付机制。传统保险行业存在信息不透明、理赔环节冗长、骗保、理赔争议等问题，区块链和智能合约在信息记录、信息交换、自动理赔等场景与传统技术相比提升较大，能够使保险公司和投保人形成高效和互信的关系。

（4）医疗。区块链技术可以解决医疗信息的共享和隐私问题。目前在医疗行业，区块链的应用包含：医疗数据构架、个人健康电子记录、医疗护理分析、医疗工具及物联网安全、信息认证、供应链、药物及护理的运送电子化、咨询及医疗工具购买等。

（5）物联网。随着物联网的发展，万物互联即将成为可能，但是单靠物联网这一项技术却难以实现这一愿景，而区块链的稳定性、安全性、可靠性将会在一定程度上助力物联网，降低交易成本、加快交易速度，有效解决物联网应用的诸多问题，推动物联网的发展，实现万物互联。

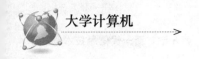

# 8.2 新技术之间的联系

物联网、云计算、大数据、人工智能虽然都可以看作独立的研究领域，但随着现代信息技术的发展，各个研究领域的技术已经融合，在实际的应用中通常综合运用，以达到相辅相成的效果。

## 8.2.1 大数据拥抱云计算

云计算 PaaS 平台中的一个复杂的应用是大数据平台。大数据中的数据分为 3 种类型：结构化数据、非结构化数据和半结构化数据。

大数据中逐步融入云计算。其实数据本身并不是有用的，必须要经过加工处理。例如，人们每天跑步时运动手环所收集的就是数据，网络上的网页也是数据。虽然数据本身没有什么用处，但数据中包含一种很重要的东西，即信息。数据十分杂乱，必须经过梳理和筛选才能称为信息。

## 8.2.2 物联网技术完成数据采集

数据的处理分为几个步骤，第一个步骤即是数据的采集。从物联网层面上来讲，数据的采集是指通过部署成千上万的传感器，将大量的各种类型的数据采集起来；从互联网网页的搜索引擎层面上来讲，数据的收集是指将互联网所有的网页都下载下来。这显然不是单独一台机器能够做到的，需要多台机器组成网络爬虫系统，每台机器下载一部分，机器组同时工作，才能在有限的时间内，将海量的网页下载完毕。

## 8.2.3 大数据和云计算互相需要

只有云计算，可以为大数据的运算提供资源层的灵活性。云计算也会部署大数据应用到 PaaS 平台上，作为一个非常重要的通用应用存在。

目前主流的公有云上基本都部署有大数据解决方案，当一家小型公司需要大数据平台的时候，不再需要采购上千台机器，只要到公有云上一单击，这些机器就"出来"了，并且已经部署好了的大数据平台，只需将数据输入并进行计算即可。云计算需要大数据，大数据需要云计算，二者就这样结合了。

## 8.2.4 人工智能拥抱大数据云

人工智能算法依赖于大量的数据，而这些数据往往需要面向某个特定的领域（如电商、邮箱）进行长期的积累。如果没有数据，人工智能算法就无法完成计算，所以人工智能程序很少像前面的 IaaS 和 PaaS 一样给某个客户单独安装一套，让客户自己去使用。因为客户没有大量的相关数据做训练，结果往往很不理想。

云计算厂商往往积累了大量数据，可以为云计算服务商安装一套程序，并提供一个服务接口。例如，如果想鉴别一个文本是不是涉及暴力，则直接使用这个在线服务即可。这种形式的服务，在云计算中被称为软件即服务（Software as a Service，SaaS），于是人工智能程序作为 SaaS 平台进入了云计算领域。

一个大数据公司，通过物联网或互联网积累了大量的数据，会通过一些人工智能算法提供某些服务；一个人工智能服务公司，也不可能没有大数据平台作为支撑。

将物联网、云计算、大数据、人工智能整合起来，便完成了其相遇、相识、相知的过程。

### 8.2.5　案例应用：陆空结合的智能化病虫害监测方案

"农桑，衣食之本"，由此可以看出农业对于人民的重要性。

2020 年，为贯彻落实中央农村工作会议、中央 1 号文件、国务院政府工作报告，即文件中确定的：对全面建成小康社会目标，强化举措、狠抓落实，集中力量完成打赢脱贫攻坚战和补上全面小康"三农"领域突出短板两大重点任务，持续抓好农业稳产保供和农民增收，推进农业高质量发展，确保农村社会和谐稳定，提升农民群众获得感、幸福感、安全感，确保脱贫攻坚战圆满收官，确保农村同步全面建成小康社会。

在社会背景和科学技术飞速发展的大前景下，迫切需要一套成型的解决方案，利用现代科技，开发自动化、智能化程度高的植保信息服务方式，以帮助普通农户提高植保决策能力。

智农病虫害监测系统由无人机和地面监测系统两大硬件设备和智农大数据平台、智农 APP 两大软件组成（见图 8-2），实现了对农田全天候、立体化的监测。由远程监控系统、病虫害诊断、视频监控、数据存储等功能组成，提供一种陆空结合智能化病虫害监测解决方案。无人机由视频监控和华为 Altas200DK 组成，进行数据的搜集、分析和存储，通过 5G 技术连接无人机与智农大数据平台进行数据传输，将无人机拍摄的视频画面以及抓取的病虫害图片及分析结果传回到大数据平台。地面监测系统由各种传感器组成，通过 5G 信号将环境参数传回大数据平台。

图 8-2　智农病虫害监测系统

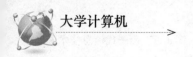

# 8.3　区块链与新一代信息技术

从国内外发展趋势和区块链技术发展演进路径来看，区块链技术和应用的发展需要云计算、大数据、物联网等新一代信息技术作为基础设施支撑，同时区块链技术和应用发展对推动新一代信息技术产业发展具有重要的促进作用。

## 8.3.1　区块链与云计算

区块链技术的开发、研究与测试工作涉及多个系统，时间与资金成本等问题将阻碍区块链技术的突破，基于区块链技术的软件开发依然是一个高门槛的工作。云计算服务具有资源弹性伸缩、快速调整、低成本、高可靠性的特点，能够帮助中小企业快速低成本地进行区块链开发部署。两项技术融合，将加速区块链技术成熟，推动区块链从金融业向更多领域拓展。

## 8.3.2　区块链与大数据

随着区块链的应用迅速发展，数据规模会越来越大。区块链提供的是账本的完整性，数据统计分析的能力较弱。大数据具备海量数据存储技术和灵活高效的分析技术，极大提升区块链数据的价值和使用空间。区块链能够进一步规范数据的使用，精细化授权范围。脱敏后的数据交易流通，有利于突破信息孤岛，建立数据横向流通机制，并基于区块链的价值转移网络，逐步推动形成基于全球化的数据交易场景。

## 8.3.3　区块链与物联网

物联网作为互联网基础上延伸和扩展的网络，通过应用智能感知、识别技术与普适计算等计算机技术，实现信息交换和通信，同样能满足区块链系统的部署和运营要求。另外，区块链系统网络是典型的 P2P 网络，具有分布式异构特征，而物联网天然具备分布式特征，网络中的每一个设备都能管理自己在交互作用中的角色、行为和规则，对建立区块链系统的共识机制具有重要的支持作用。

## 8.3.4　区块链与人工智能

基于区块链的人工智能网络可以设定一致、有效的设备注册、授权及完善的生命周期管理机制，有利于提高人工智能设备的用户体验及安全性。此外，若各种人工智能设备通过区块链实现互联、互通，则有可能带来一种新型的经济模式，即人类组织与人工智能、人工智能与人工智能之间进行信息的交互甚至是业务的往来，而统一的区块链基础协议则可让不同的人工智能设备之间在互动过程中不断积累学习经验，从而实现人工智能程度的进一步提升。

思考

　　张艳彩为山东协和学院计算机学院的大三学生，因学习和生活的需要，经常到学校的菜鸟驿站收发快递。结合有关新一代信息技术知识，思考下列问题：

　　（1）发快递时，如何快速填写快递面单信息，主要涉及的新技术是什么？

　　（2）如何实时观测快递物流信息以及相对准确地推断出快递到达时间，主要涉及哪些新技术？

　　（3）菜鸟驿站如何快速识别货主，防止快递被冒领，主要采用哪些新技术？

# 参 考 文 献

[1] 陈婷，卜言彬，杨艳. 大学计算机基础［M］. 2版. 北京：人民邮电出版社，2020.

[2] 刘卉，张研研. 大学计算机应用基础教程（Windows 10+Office 2016）［M］. 北京：清华大学出版社，2020.

[3] 宋凯. 计算机应用基础［M］. 北京：人民邮电出版社，2020.

[4] 郭晔，张天宇，田西壮. 大学计算机基础［M］. 3版. 北京：高等教育出版社，2020.

[5] 钱新杰，张娅. 计算机应用基础（Windows 10+Office 2016）［M］. 北京：中国轻工业出版社，2020.

[6] 刘志成，石坤泉. 大学计算机基础［M］. 3版. 北京：人民邮电出版社，2020.

[7] 李永胜，卢凤兰. 大学计算机（Windows 10+Office2016）［M］. 北京：电子工业出版社，2020.

[8] 熊艳，杨宁. 大学计算机基础（Windows 10+Office 2016）（微课版）［M］. 北京：人民邮电出版社，2019.